U0934383

塑料暖棚羊舍外观（新疆）

塑料暖棚羊舍内部（新疆）

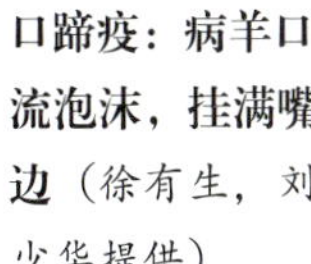

口蹄疫：病羊口流泡沫，挂满嘴边（徐有生，刘少华提供）

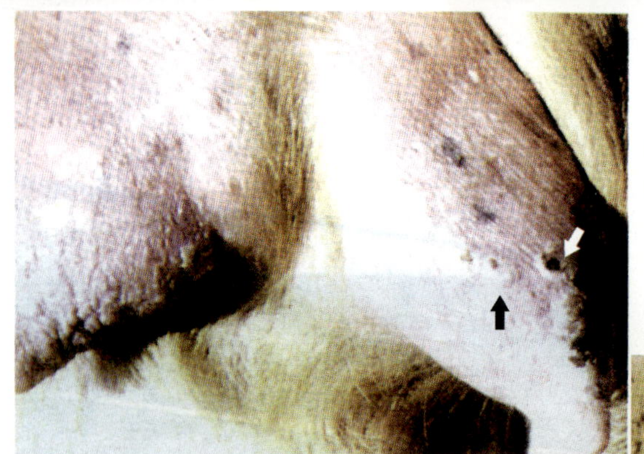

口蹄疫：乳山羊乳房上的水疱（徐有生，吴和林提供）

羊布氏杆菌病：阴囊肿胀（陈怀涛提供）

羊放线菌病：上颌骨放线菌肿（陈怀涛提供）

山羊关节炎–脑炎：病羊头颈歪斜，后仰（陈怀涛提供）

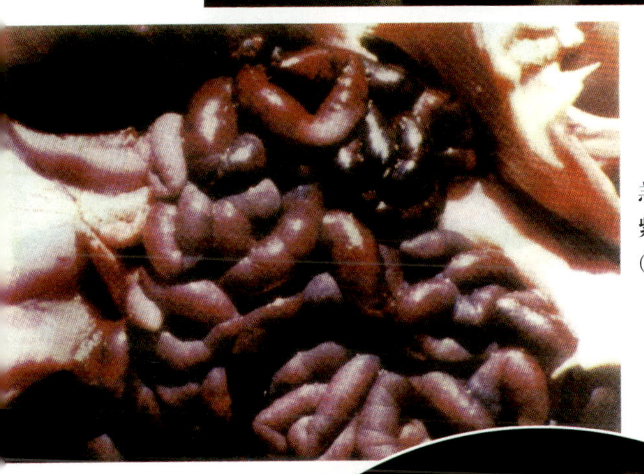

羔羊痢疾：肠壁紫红色并有出血（陈怀涛提供）

白肌病：心肌颜色变淡，并有不均匀的淡灰黄色区域（陈怀涛提供）

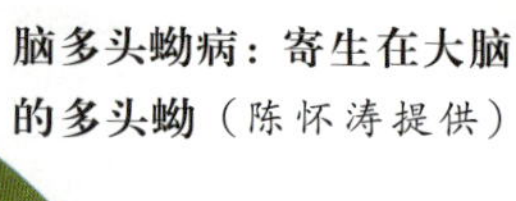

脑多头蚴病：寄生在大脑的多头蚴（陈怀涛提供）

棘球蚴病：肝切面囊泡（陈怀涛提供）

羊鼻蝇蛆病：寄生于鼻腔内的羊鼻蝇幼虫（陈怀涛提供）

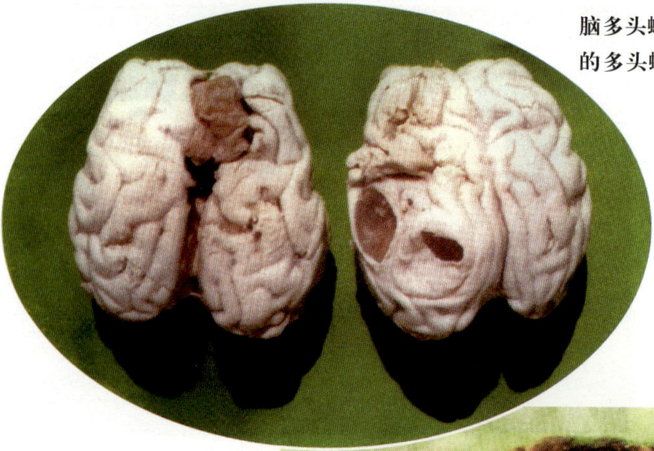

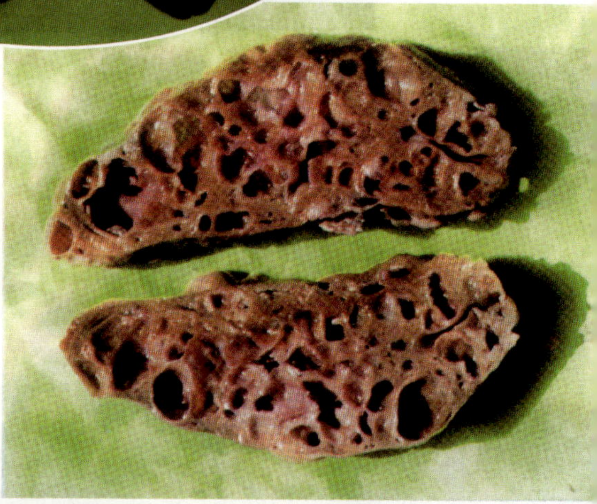

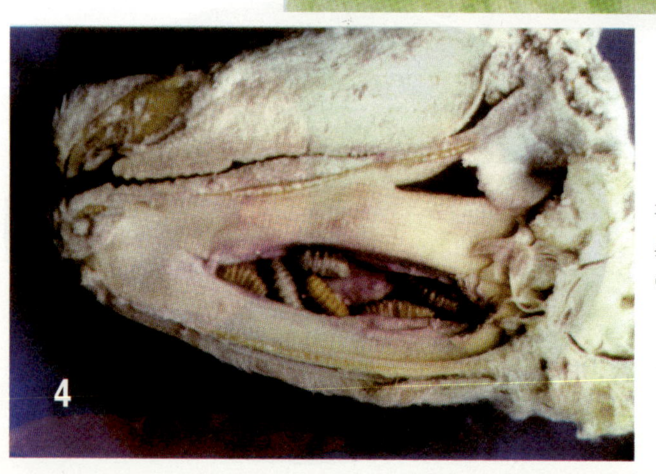

全国“星火计划”丛书

羊病防治手册

（第二次修订版）

主　编

沈正达

编著者

胡永浩　赵晋军　伏小平

方　武　张德寿　沈正达

金盾出版社

内 容 提 要

本书由甘肃农业大学动物医学院沈正达教授等编著。内容包括：羊病的预防、诊疗和检验技术，羊的 84 种主要传染病、寄生虫病和普通病。内容科学实用，语言通俗易懂。可供家庭养羊户、养羊场生产人员、畜牧兽医技术人员和农业院校有关专业师生阅读参考。

图书在版编目(CIP)数据

羊病防治手册／沈正达主编．—第二次修订版．—北京：金盾出版社，2005.11(2019.5 重印)
ISBN 978-7-5082-3769-5

Ⅰ.羊… Ⅱ.沈… Ⅲ.羊病-防治-手册 Ⅳ.S858.26-62

中国版本图书馆 CIP 数据核字(2005)第 107465 号

金盾出版社出版、总发行
北京市太平路 5 号(地铁万寿路站往南)
邮政编码：100036　电话：68214039　83219215
传真：68276683　网址：www.jdcbs.cn
北京军迪印刷有限责任公司印刷、装订
各地新华书店经销
开本：787×1092 1/32　印张：8　彩页：4　字数：173 千字
2019 年 5 月第 2 次修订版第 33 次印刷
印数：470 001—473 000 册　定价：24.00 元

(凡购买金盾出版社的图书，如有缺页、
倒页、脱页者，本社发行部负责调换)

《全国“星火计划”丛书》编委会

顾问：杨　浚

主任：韩德乾

第一副主任：谢绍明

副主任：王恒璧　周　谊

常务副主任：罗见龙

委员（以姓氏笔画为序）：

向华明　米景九　达　杰（执行）　刘新明

应曰琏（执行）　陈春福　张志强（执行）

张崇高　金　涛　金耀明（执行）　赵汝霖

俞福良　柴淑敏　徐　骏　高承增　蔡盛林

序

经党中央、国务院批准实施的“星火计划”，其目的是把科学技术引向农村，以振兴农村经济，促进农村经济结构的改革，意义深远。

实施“星火计划”的目标之一是，在农村知识青年中培训一批技术骨干和乡镇企业骨干，使之掌握一二门先进的适用技术或基本的乡镇企业管理知识。为此，亟需出版《“星火计划”丛书》，以保证教学质量。

中国出版工作者协会科技出版工作委员会主动提出愿意组织全国各科技出版社共同协作出版《“星火计划”丛书》，为“星火计划”服务。据此，国家科委决定委托中国出版工作者协会科技出版工作委员会组织出版《全国“星火计划”丛书》并要求出版物科学性、针对性强，覆盖面广，理论联系实际，文字通俗易懂。

愿《全国“星火计划”丛书》的出版能促进科技的“星火”在广大农村逐渐形成“燎原”之势。同时，我们也希望广大读者对《全国“星火计划”丛书》的不足之处乃至缺点、错误提出批评和建议，以便不断改进提高。

《全国“星火计划”丛书》编委会

第二次修订版前言

《羊病防治手册》第一版、第二版自出版以来，先后印刷18次，共发行37万多册，深受广大读者的欢迎和好评。第二次修订版仍然按照“实用、新、全、准”的编写原则进行修订。其主要修订内容有：一是在第一章“加强饲养管理”内容中增加了塑料暖棚养羊技术，非常适于北方地区在冬季进行养羊生产。二是增加真菌性肺炎、羊腐蹄病、传染性结膜角膜炎、羊囊尾蚴病、羊脑脊髓丝虫病、蠕形螨病、羊球虫病和蹄腐烂等8种疫病，使本书内容更加全面。三是对许多疾病的诊断和防治要点进行了修订，补充了新的内容。四是根据中华人民共和国农业部第193号公告《食品动物禁用的兽药及其他化合物清单》，纠正了一些禁用药物，如氯霉素、呋喃唑酮、己烯雌酚、苯甲酸雌二醇、杀虫脒、酒石酸锑钾、双甲脒、氯丙嗪等。

此次修订，虽然编著者尽了最大努力，但难免仍有诸多疏漏之处，恳请广大读者与同仁赐教，以使本书的质量不断提高，更好地为读者服务。

编著者

2005.7

目　录

第一章　羊病的预防

羊在生长发育过程中所发生的疾病是多种多样的，根据其性质，一般分为传染病、寄生虫病和普通病三大类。

传染病是由病原微生物（如细菌、真菌、病毒等）侵入羊体而引起的。病原微生物在羊体内生长繁殖，产生大量毒素或致病因子，破坏或损害羊的机体，使羊发病，如不及时防治，常引起死亡。羊发生传染病后，病原微生物从其体内排出，通过直接接触或间接接触传染给其他羊，造成疫病的流行。有些急性烈性传染病，可使羊大批死亡，造成严重的经济损失。

寄生虫病是由寄生虫（如蠕虫、蜘蛛昆虫、原虫等）寄生于羊体而引起的。当寄生虫寄生于羊体时，通过虫体对羊的器官、组织造成机械损伤，夺取营养或产生毒素，使羊消瘦、贫血、营养不良，生产性能下降，严重者可导致死亡。寄生虫病与传染病有类似之处，即具有侵袭性，使多数羊发病。某些寄生虫在其生长发育过程中还需要有中间宿主。如肝片形吸虫的中间宿主是椎实螺。羊的寄生虫病种类很多，有些寄生虫病所造成的经济损失，并不亚于传染病，对养羊业构成严重威胁。

普通病是指除传染病和寄生虫病以外的疾病，包括内科病、外科病、产科病等。这类疾病是由于饲养管理不当，营养代谢失调，误食毒物，机械损伤，异物刺激，或其他外界因素如温度、气压、光线等原因所致。普通病与上述两类疾病不同之处是没有传染性或侵袭性，多为零星发生，但羊如误食了某些毒草或毒物，也会大批发病，造成严重的经济损失。

羊病防治必须坚持“预防为主”的方针，认真贯彻《中华人民共和国动物防疫法》和国务院颁布的《家畜家禽防疫条例》，采取加强饲养管理、搞好环境卫生、开展防疫检疫、定期驱虫、预防中毒等综合性防治措施，将饲养管理工作和防疫工作紧密结合起来，以取得防病灭病的综合效果。

一、加强饲养管理

（一）坚持自繁自养

羊场或养羊专业户应选养健康的良种公羊和母羊，自行繁殖，以提高羊的品质和生产性能，增强对疾病的抵抗力，并可减少入场检疫的劳务，防止因引入新羊带进病原体。

（二）合理组织放牧

牧草是羊的主要饲料，放牧是羊群获取营养需要的重要方式。因此，合理组织放牧，与羊的生长发育好坏和生产性能的高低有着十分密切的关系。应根据农区、牧区草场的不同情况，以及羊的品种、年龄、性别的差异，分别编群放牧。为了合理利用草场，减少牧草浪费和减少羊群感染寄生虫的机会，应推行划区轮牧制度。

（三）适时进行补饲

羊的营养供给主要来自放牧，但当冬季草枯、牧草营养下降或放牧采食不足时，必须进行补饲，特别是对正在发育的幼龄羊、妊娠期和哺乳期的成年母羊补饲尤其重要。种公羊如仅靠平时放牧，营养需要难以满足，在配种期间则更需要保证较高的营养水平。因此，种公羊多采取舍饲方式，并按饲养标准喂养。

（四）妥善安排生产环节

养羊的主要生产环节是鉴定、剪毛、梳绒、配种、产羔、育羔、羊羔断奶和分群。每一生产环节的安排，应尽量在较短时间内完成，以尽可能增加有效放牧时间；如某些环节影响放牧，要及时给予适当的补饲。

（五）推广棚室养殖

养羊生产水平的高低，产品数量的多少以及质量的优劣，不仅取决于羊的品种遗传等诸多因素，而且取决于维持与保证羊正常繁殖与生长发育的环境条件。我国属典型的大陆型季风气候，大多数地区四季明显，冬季寒冷，特别是北方地区，冬季严寒时间较长，从外部环境条件上制约了羊正常繁殖与生长发育，广大农牧区养羊户所采用的传统的敞圈饲养，常使羊只发生冬瘦春死的现象。近年来发展起来的棚室养殖，较大地提高了羊只的生产能力，较好地解决了外部环境对养羊生产的威胁，是养羊生产力解放的一项重要的技术改进措施。

棚室养殖的基本原理是构建塑料暖棚，充分利用太阳能和羊体自身散发的热能，提高棚室温度，人工创造适宜羊只正常生产的小气候环境，减少不合理的热能损耗，降低维持需要，提高营养物质的有效利用率，再配合其他一系列技术措施（如选用优良品种，饲喂全价配合饲料，实行科学的饲养管理和疫病防治），即可充分地提高羊的生产能力，进而获得理想的经济效益。据统计，采用棚室养殖，成年羊死亡率可减少近5%，羔羊成活率能提高 15%～25%，当年羔羊 60 日龄体重可增加 2 千克以上，成年羊羊毛长度能增加 0.58 厘米。

羊用拱形塑料暖棚构造示意图见图 1-1。

二、搞好环境卫生

养羊的环境卫生好坏，与疫病的发生有密切关系。环境污秽，有利于病原体的孳生和疫病的传播。因此，羊舍、羊圈、场地及用具应保持清洁、干燥，每天清除圈舍、场地的粪便及污物，将粪便及污物堆积发酵，30 天左右可作为肥料使用。

羊的饲草，应当保持清洁、干燥，不能用发霉的饲草、腐烂的粮食喂羊；饮水也要清洁，不能让羊饮用污水和冰冻水。

老鼠、蚊、蝇等是病原体的宿主和携带者，能传播多种传染病和寄生虫病。应当清除羊舍周围的杂物、垃圾及乱草堆等，填平死水坑，认真开展杀虫灭鼠工作。杀灭蚊、蝇可使用敌百虫、敌敌畏、倍硫磷、马拉硫磷（马拉松）等杀虫药，配成 0.1%～0.2%溶液；或使用蝇毒磷，配成 0.025%混悬液。每月在羊舍内外和蚊、蝇容易孳生的场所喷洒 2 次，但不可喷洒于饲料仓库、鱼塘等处。灭鼠的方法，除使用捕鼠夹捕杀外，常使用药物灭鼠，如敌鼠钠盐等。敌鼠钠盐对人、畜毒性低，常用于住房、羊舍、仓库灭鼠，证明比较安全。常用 0.05%毒饵，即将本品用开水溶化成 5%溶液，然后按 0.05%浓度与谷物或其他食饵拌合均匀即可。投放毒饵须连续 4～5 天，因为多次少量食入比一次大量食入效果更好。敌鼠钠盐是一种抗凝血性药物，鼠食后可使其内脏、皮下等处出血而死亡。使用时应慎防发生人、畜中毒；如发生中毒，可用维生素 K_1 注射液解救。

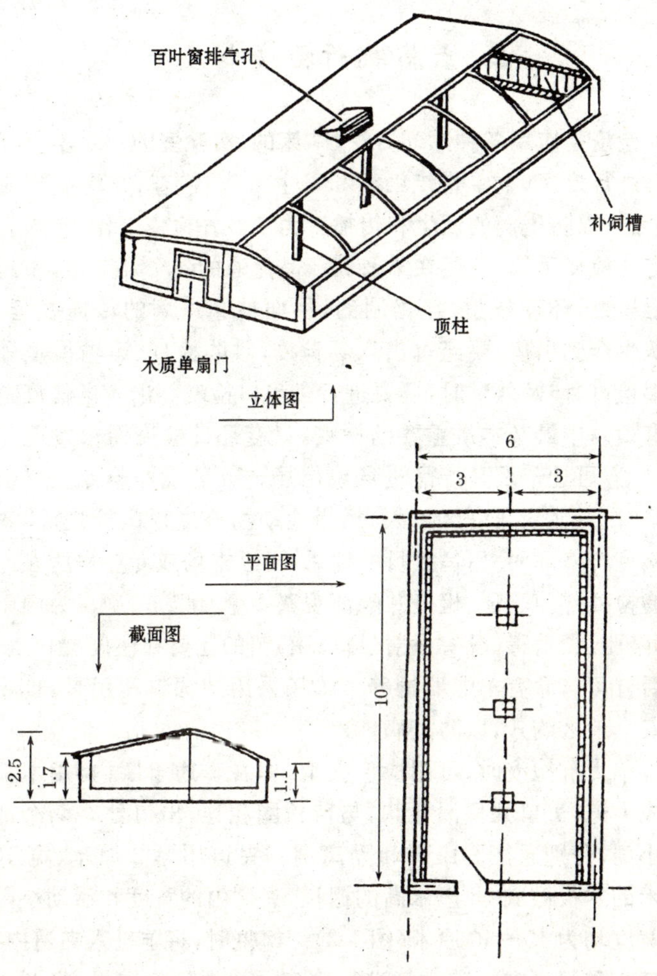

图 1-1　羊用拱形塑料暖棚构造示意图　（单位:米）

三、严格执行检疫制度

检疫是应用各种诊断方法(临床的、实验室的),对羊及其产品进行疫病(主要是传染病和寄生虫病)检查,并采取相应的措施,以防疫病的发生和传播。为了做好检疫工作,必须有一定的检疫手续,以便在羊及其产品流通的各个环节中,做到层层检疫,环环扣紧,互相制约,从而杜绝疫病的传播蔓延。羊从生产到出售,要经过出入场检疫、收购检疫、运输检疫和屠宰检疫,涉及外贸时,还要进行进出口检疫。出入场检疫是所有检疫中最基本最重要的检疫,只有经过检疫而未发现疫病时,方可让羊及其产品进场或出场。羊场或养羊专业户引进羊时,只能从非疫区购入,经当地动物检疫部门检疫,并签发检疫合格证明书;运抵目的地后,再经本场或专业户所在地动物检疫部门验证、检疫并隔离观察 1 个月以上,确认为健康者,经驱虫、消毒,没有注射过疫(菌)苗的还要补注疫(菌)苗,然后方可与原有羊混群饲养。羊场采用的饲料和用具,也要从安全地区购入,以防疫病传入。

羊大群检疫时,可用检疫夹道,即在普通羊圈内,用木板做成夹道,进口处呈漏斗状,与待检圈相连,出口处有两个活动小门,分别通往健康圈和隔离圈。夹道用厚 2 厘米、宽 10 厘米的木板做成 75 厘米高的栅栏,夹道内的宽度和活动小门的宽度均为 45～50 厘米(图 1-2)。检疫时,将羊赶入夹道内,检疫人员即可在夹道两侧进行检疫。根据检疫结果,打开出口的活动小门,分别将羊赶入健康圈或隔离圈。这种设施除检疫用外,还可做羊的分群用。

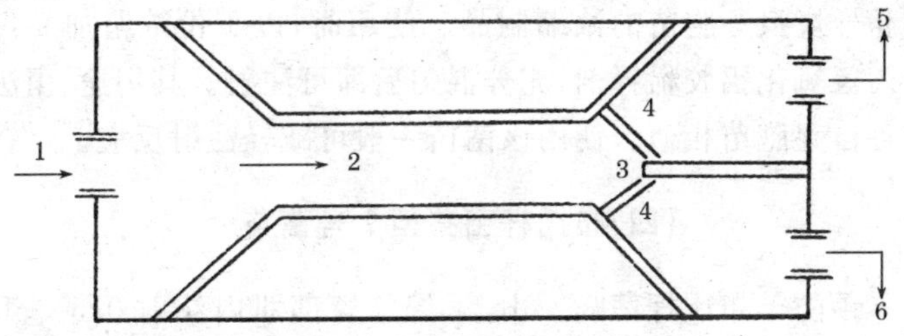

图 1-2　羊的检疫夹道平面图

1. 进口　2. 夹道　3. 出口　4. 活动小门　5. 去健康圈　6. 去隔离圈

四、有计划地进行免疫接种

免疫接种是激发羊体产生特异性抵抗力，使其对某种传染病从易感转化为不易感的一种手段。有组织有计划地进行免疫接种，是预防和控制羊传染病的重要措施之一。目前，我国用于预防羊主要传染病的疫（菌）苗有以下几种。

（一）无毒炭疽芽胞苗

预防羊炭疽。绵羊皮下注射 0.5 毫升，注射后 14 天产生坚强免疫力，免疫期 1 年。山羊不宜使用。

（二）Ⅱ号炭疽芽胞苗

预防羊炭疽。绵羊、山羊均皮下注射 1 毫升，注射后 14 天产生免疫力，免疫期 1 年。

（三）炭疽芽胞氢氧化铝佐剂苗

预防羊炭疽。此苗一般称浓芽胞苗，系无毒炭疽芽胞苗或Ⅱ号炭疽芽胞苗的浓缩制品。使用时，以 1 份浓苗加 9 份 20％氢氧化铝胶稀释剂，充分混匀后即可注射。其用途、用法与各自芽胞苗相似。使用该菌苗一般可减轻注射反应。

(四)布氏杆菌猪型 2 号菌苗

预防羊布氏杆菌病。山羊、绵羊臀部肌内注射 0.5 毫升(含菌 50 亿个)；阳性羊、3 月龄以下羔羊和怀孕羊均不能注射。饮水免疫时，用量按每只羊服 200 亿个菌体计算，两天内分两次饮服；在饮服菌苗前，一般应停止饮水半天，以保证每只羊都能饮用一定量的水。应当用冷的清水稀释菌苗，并应迅速饮喂，菌苗从混合在水内到进入羊体内的时间越短，效果越好。免疫期暂定 2 年。

(五)布氏杆菌羊型 5 号菌苗

预防羊布氏杆菌病。此苗可对羊群进行气雾免疫。如在室内进行气雾免疫，菌苗用量按室内空间计算，即每立方米用 50 亿个菌，喷雾后羊群需在室内停留 30 分钟；如在室外进行气雾免疫，菌苗用量按羊的只数计算，每只羊用 50 亿个菌，喷雾后羊群需在原地停留 20 分钟。气雾免疫需配备专门的装置，该装置由气雾发生器及压缩空气的动力机械组成。气雾发生器市场有成品出售(图 1-3)，动力机械可因地制宜，利用各种气泵或用电动机、柴油机带动空气压缩泵。无论以何种机械做动力，都要保持 196 千帕(2 千克力/平方厘米)以上的压力，才能达到菌苗雾化的目的。雾化粒子大小与免疫效果有很大关系，一般粒子大小在 1～10 微米为有效粒子，气雾发生器产生的有效粒子在 70％以上者为合格。新使用的气雾发生器，须先进行粒子大小的测定(测定方法与测量细菌大小的方法相同),合格后方可使用。在使用此苗进行羊气雾免疫时,操作人员需注意个人防护,应穿工作衣裤和胶靴,戴大而厚的口罩,如不慎被感染出现症状,应及时就医。

本菌苗也可供注射或口服用。注射时,将菌苗稀释成每毫升含菌50亿个,每只羊皮下注射10亿个菌;口服时,每只羊的用量为250亿个菌。本苗免疫期暂定为1年半。

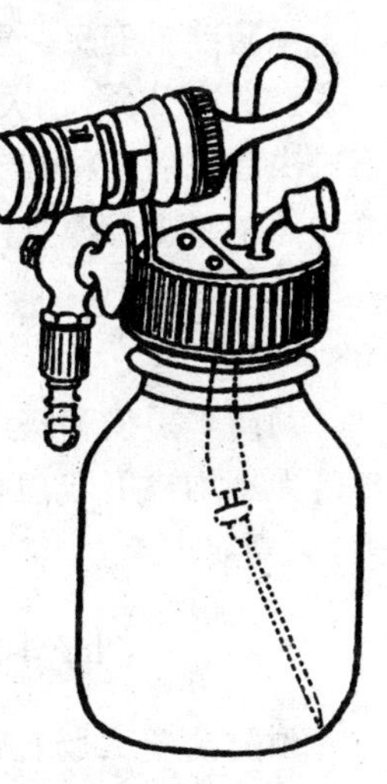

图1-3 气雾发生器(JM-Ⅱ型)外形

(六)破伤风明矾沉降类毒素

预防破伤风。绵羊、山羊颈部皮下各注射0.5毫升。平时均为1年注射1次。遇有羊受伤时,再用相同剂量注射1次;若羊受伤严重,应同时在另一侧颈部皮下注射破伤风抗毒素,即可防止发生破伤风。该类毒素注射后1个月产生免疫力,免疫期1年;第二年再注射1次,免疫力可持续4年。

(七)破伤风抗毒素

供羊紧急预防或防治破伤风之用。皮下或静脉注射,治疗时可重复注射1至数次。预防剂量:1200～3000抗毒素单位。治疗剂量:5000～20000抗毒素单位。免疫期2～3周。

(八)羊快疫、猝殂、肠毒血症三联灭活菌苗

预防羊快疫、猝殂、肠毒血症。成年羊和羔羊一律皮下或

肌内注射 5 毫升，注射后 14 天产生免疫力，免疫期 6 个月。

(九)羔羊痢疾灭活菌苗

预防羔羊痢疾。第一次于怀孕母羊分娩前 20～30 天皮下注射 2 毫升，第二次于分娩前 10～20 天皮下注射 3 毫升。第二次注射后 10 天产生免疫力。免疫期母羊 5 个月，经乳汁可使羔羊获得母源抗体。

(十)羊黑疫、快疫二联灭活菌苗

预防羊黑疫和快疫。本品系氢氧化铝灭活菌苗，羊不论年龄大小均皮下或肌内注射 3 毫升，注射后 14 天产生免疫力，免疫期 1 年。

(十一)羔羊大肠杆菌病灭活菌苗

预防羔羊大肠杆菌病。3 月龄至 1 岁的羊，皮下注射 2 毫升；3 月龄以下的羔羊，皮下注射 0.5～1 毫升。注射后 14 天产生免疫力，免疫期 5 个月。

(十二)羊厌气菌氢氧化铝甲醛五联灭活菌苗

预防羊快疫、羔羊痢疾、猝殂、肠毒血症和黑疫。羊不论年龄大小均皮下或肌内注射 5 毫升，注射后 14 天产生可靠免疫力，免疫期 6 个月。

(十三)肉毒梭菌(C 型)灭活菌苗

预防羊肉毒梭菌中毒症。绵羊皮下注射 4 毫升，免疫期 1 年。

(十四)山羊传染性胸膜肺炎氢氧化铝灭活菌苗

预防由丝状支原体山羊亚种引起的山羊传染性胸膜肺炎。皮下注射,6月龄以下的山羊3毫升,6月龄以上的山羊5毫升,注射后14天产生免疫力,免疫期1年。本品限于疫区内使用,注射前应逐只检查体温和健康状况,凡发热有病的不予注射。注射后10日内要经常检查,有反应者,应进行治疗。本品用前应充分摇匀,切忌冻结。

(十五)羊肺炎支原体氢氧化铝灭活菌苗

预防绵羊、山羊由绵羊肺炎支原体引起的传染性胸膜肺炎。颈侧皮下注射,成年羊3毫升,6月龄以下幼羊2毫升,免疫期可达1年半以上。

(十六)羊痘鸡胚化弱毒疫苗

预防绵羊痘,也可用于预防山羊痘。冻干苗按瓶签上标注的疫苗量,用生理盐水25倍稀释,振荡均匀,羊不论年龄大小,一律皮下注射0.5毫升,注射后6天产生免疫力,免疫期1年。

(十七)山羊痘弱毒疫苗

预防山羊痘和绵羊痘。皮下注射0.5～1毫升,免疫期1年。

(十八)兽用狂犬病ERA株弱毒细胞苗

预防犬类和其他家畜(羊、猪、牛、马)的狂犬病。用灭菌蒸馏水或生理盐水稀释,2月龄以上犬,每瓶稀释至10毫升,每只肌内或皮下注射 1 毫升;羊注射 2 毫升。免疫期 0.5～1 年。

(十九)伪狂犬病弱毒细胞苗

预防羊伪狂犬病。冻干苗先加 3.5 毫升中性磷酸盐缓冲液稀释,再稀释 20 倍。4 月龄以上至成年绵羊肌内注射 1 毫升,注苗后 6 天产生免疫力,免疫期 1 年。

(二十)羊链球菌病活菌苗

预防绵羊、山羊败血性链球菌病。注射用苗以生理盐水稀释,气雾用苗以蒸馏水稀释。每只羊尾部皮下注射 1 毫升(含 50 万个活菌),2 岁以下羊用量减半。露天气雾免疫每头剂量 3 亿个活菌,室内气雾免疫每头剂量 3 000 万个活菌。免疫期 1 年。

免疫接种的效果,与羊的健康状况、年龄大小、是否正在怀孕或哺乳,以及饲养管理条件的好坏有密切关系。成年的、体质健壮或饲养管理条件好的羊群,接种后会产生较强的免疫力;反之,幼年的、体质瘦弱的、有慢性疾病或饲养管理条件不好的羊群,接种后产生的免疫力就要差些,甚至可能引起较明显的接种反应。怀孕母羊,特别是临产前的母羊,在接种时由于驱赶、捕捉等影响,或者由于疫(菌)苗所引起的反应,有时会发生流产或早产,或者可能影响胎儿的发育;哺乳期的母羊免疫接种后,有时会暂时减少泌乳量。免疫过的怀孕母羊所产羔羊通过吮吸初乳后,在一定时间内其体内有母源抗体存在,因而对幼龄羔羊免疫接种往往不能获得满意结果。所以,对那些幼羊、弱羊、有慢性病的羊和怀孕后期的母羊,除非已经受到传染的威胁,最好暂时不予接种。对那些饲养管理条件不好的羊群，在进行免疫接种的同时，必须创造条件改善饲养管理。

免疫接种须按合理的免疫程序进行，各地区、各羊场可能发生的传染病不止一种，而可以用来预防这些传染病的疫(菌)苗的性质又不尽相同，免疫期长短不一。因此，羊场往往需用多种疫(菌)苗来预防不同的病，也需要根据各种疫(菌)苗的免疫特性来合理地安排免疫接种的次数和间隔时间，这就是所谓的免疫程序。目前国际上还没有一个统一的羊免疫程序，只能在实践中总结经验，制订出合乎本地区、本羊场具体情况的免疫程序。

五、做好消毒工作

消毒是贯彻预防为主方针的一项重要措施。其目的是消灭传染源散播于外界环境中的病原微生物，切断传播途径，阻止疫病继续蔓延。羊场应建立切实可行的消毒制度，定期对羊舍(包括用具)、地面土壤、粪便、污水、皮毛等进行消毒。

(一)羊舍消毒

一般分两个步骤进行：第一步先进行机械清扫；第二步用消毒液消毒。机械清扫是搞好羊舍环境卫生最基本的一种方法。据试验，采用清扫方法，可使羊舍内的细菌数减少20%左右；如果清扫后再用清水冲洗，则羊舍内的细菌数可减少50%以上；清扫、冲洗后再用药物喷雾消毒，羊舍内的细菌数可减少90%以上。

用化学消毒液消毒时，消毒液的用量，以羊舍内每平方米面积用1升药液计算。常用的消毒药有10%～20%石灰乳、

10%漂白粉溶液、0.5%～1%菌毒敌（原名复合酚、农乐，同类产品有农福、农富、菌毒灭等）、0.5%～1%二氯异氰尿酸钠（优氯净，以此药为主要成分的商品消毒剂有强力消毒灵、灭菌净、抗毒威等）、0.5%过氧乙酸溶液等。消毒方法是将消毒液盛于喷雾器内，先喷洒地面，然后喷墙壁，再喷天花板，最后再开门窗通风，用清水刷洗饲槽、用具，将消毒药味除去。如羊舍有密闭条件，可关闭门窗，用福尔马林熏蒸消毒12～24小时，然后开窗通风24小时。福尔马林的用量为每立方米空间12.5～50毫升，加等量水一起加热蒸发，无热源时，也可加入高锰酸钾（每立方米用30克），即可产生高热蒸发。在一般情况下，羊舍消毒每年可进行2次（春、秋各1次）。产房的消毒，在产羔前应进行1次，产羔高峰时进行多次，产羔结束后再进行1次。在病羊舍、隔离舍的出入口处应放置浸有消毒液的麻袋片或草垫；消毒液可用2%～4%氢氧化钠溶液、1%菌毒敌（对病毒性疾病），或用10%克辽林溶液（对其他疾病）。

（二）地面土壤消毒

土壤表面可用10%漂白粉溶液、4%甲醛溶液或10%氢氧化钠溶液。停放过芽胞杆菌所致传染病（如炭疽）病羊尸体的场所，应严格加以消毒，首先用上述漂白粉溶液喷洒地面，然后将表层土壤掘起30厘米左右，撒上干漂白粉，并与土混合，将此表土妥善运出掩埋。其他传染病所污染的地面土壤，则可先将地面翻一下，深度约30厘米，在翻地的同时撒上干漂白粉（用量为每平方米面积0.5千克），然后以水洇湿，压平。如果放牧地区被病原体污染，一般利用自然因素（如阳光）来消除病原体；如果污染的面积不大，则应使用化学消毒药消毒。

(三)粪便消毒

羊的粪便消毒方法有多种，最实用的方法是生物热消毒法，即在距羊场100～200米以外的地方设一堆粪场，将羊粪堆积起来，上面覆盖10厘米厚的沙土，堆放发酵30天左右，即可用做肥料。

(四)污水消毒

最常用的方法是将污水引入污水处理池，加入化学药品(如漂白粉或其他氯制剂)进行消毒，用量视污水量而定，一般1升污水用2～5克漂白粉。

(五)皮毛消毒

羊患炭疽、口蹄疫、布氏杆菌病、羊痘、坏死杆菌病等，其羊皮、羊毛均应消毒。应当注意，羊患炭疽时，严禁从尸体上剥皮；在贮存的原料皮中即使只发现1张患炭疽病的羊皮，也应将整堆与它接触过的羊皮进行消毒。皮毛的消毒，目前广泛利用环氧乙烷气体消毒法。消毒时必须在密闭的专用消毒室或密闭良好的容器(常用聚乙烯或聚氯乙烯薄膜制成的帐篷)内进行。在室温15℃时，每立方米密闭空间使用环氧乙烷0.4～0.8千克，维持12～48小时，相对湿度在30％以上。此法对细菌、病毒、真菌均有良好的消毒效果，对皮毛等产品中的炭疽芽胞也有较好的消毒作用。但本品对人畜有毒性，且其蒸汽遇明火会燃烧以至爆炸，故必须注意安全，具备一定条件时才可使用。

六、实施药物预防

羊场可能发生的疫病种类很多，其中有些病目前已研制出有效的疫（菌）苗，还有不少病尚无疫（菌）苗可供利用；有些病虽有疫（菌）苗但实际应用还有问题。因此，用药物预防这些疫病也是一项重要措施。通常以安全而价廉的药物加入饲料和饮水中，让羊群自行采食或饮用。常用的药物有磺胺类药物（如磺胺嘧啶、磺胺甲基嘧啶、磺胺二甲嘧啶、磺胺脒、磺胺甲基异噁唑等）、抗生素（如青霉素、链霉素、土霉素、四环素、新霉素、卡那霉素、庆大霉素、红霉素、泰乐菌素、多粘菌素B、制霉菌素等）以及抗真菌药（克霉唑等）。磺胺类药、四环素族抗生素（土霉素、四环素等），常拌入饲料或混于饮水中使用。药物占饲料或饮水的比例一般是：磺胺类药，预防量0.1%～0.2%，治疗量0.2%～0.5%；四环素族抗生素，预防量0.01%～0.03%，治疗量0.05%。一般连用5～7天，必要时也可酌情延长。如长期使用化学药物预防，容易产生耐药性菌株，影响药物的防治效果，因此，要经常进行药敏试验，选择有高度敏感性的药物用于防治。此外，成年羊口服土霉素等抗生素时，常会引起肠炎等中毒反应，必须注意。

抗菌增效剂是一类广谱抗菌药，与磺胺药并用能显著增强疗效，又能与一些抗生素（如四环素、庆大霉素）起协同作用，在疫病防治上具有广阔的应用前景。目前常用的抗菌增效剂有三甲氧苄氨嘧啶（TMP）和二甲氧苄氨嘧啶（DVD，又称敌菌净），按1∶5的比例与磺胺药混合使用，可使磺胺药的抗菌效力提高数倍至数十倍。三甲氧苄氨嘧啶和磺胺药的复方制剂如复方磺胺嘧啶（SD-TMP）和复方新诺明（SMZ-

TMP)等，对多种传染病有良好疗效，口服量羊每千克体重每次用20～25毫克，1天2次。二甲氧苄氨嘧啶的抗菌作用与三甲氧苄氨嘧啶相似，其价格比较低廉。毒性反应较小，口服后吸收较差，在胃肠道内保持较高抑菌浓度，故常以其复方制剂(复方敌菌净)防治羔羊肠道感染，剂量和用法与复方新诺明相同。

饲料添加剂可促进羊体生长发育，且可增强其抗感染的能力。目前广泛使用的饲料添加剂中，含有各种维生素、无机盐、氨基酸、抗氧化剂、抗生素、中草药等，且每年都在研究改进添加剂的成分和用量，以便不断提高羊的生产性能和抗病能力。

微生态制剂是根据微生态学原理，利用机体正常的有益微生物或其促进物质制成的一种活菌制剂，近10多年来国内外发展很快，广泛用于人类、动物和植物。用于动物者称为动物微生态制剂。目前国内已有促菌生、乳康生、调痢生、健复生等10余种制剂。这类制剂的特点是，具有调整动物肠道菌群比例失调、抑制肠道内病原菌增殖、防止幼畜腹泻等功能，并有促进动物生长、提高饲料利用率等作用。本品粉剂可供拌料(用量为饲料的0.1%～2%)，片剂可供口服。应避免与抗菌药物同时服用。

七、组织定期驱虫

为了预防羊的寄生虫病，应在发病季节到来之前，用药物给羊群进行预防性驱虫。预防性驱虫的时机，根据寄生虫病季节动态调查确定。如某地的肺线虫病主要发生于11～12月份及翌年的4～5月份，那就应该在秋末冬初草枯以前(10

月底或11月初)和春末夏初羊抢青以前(3～4月份)各进行1次药物驱虫;也可将驱虫药小剂量地混在饲料内,在整个冬季补饲期间让羊食用。

预防性驱虫所用的药物有多种,应视病的流行情况选择应用。丙硫咪唑(丙硫苯咪唑)具有高效、低毒、广谱的优点,对羊常见的胃肠道线虫、肺线虫、肝片形吸虫和绦虫均有效,可同时驱除混合感染的多种寄生虫,是较理想的驱虫药物。使用驱虫药时,要求剂量准确,并且要先做小群驱虫试验,取得经验后再进行全群驱虫。驱虫过程中发现病羊,应进行对症治疗,及时解救出现毒、副作用的羊。

药浴是防治羊体外寄生虫病,特别是羊螨病的有效措施,可在剪毛后10天左右进行。药浴液可用1%敌百虫水溶液或速灭菊酯(80～200毫克/升)、溴氰菊酯(50～80毫克/升)。也可用石硫合剂,其配法为生石灰7.5千克、硫黄粉末12.5千克,用水拌成糊状,加水150升,连煮边拌,直至煮沸呈浓茶色为止,弃去下面的沉渣,上清液便是母液。在母液内加500升温水,即成药浴液。药浴可在特建的药浴池内进行,或在特设的淋浴场淋浴,也可用人工方法抓羊在大盆(缸)中逐只洗浴。

八、预防毒物中毒

某种物质进入机体,在组织与器官内发生化学或物理化学的作用,引起机体功能性或器质性的病理变化,甚至造成死亡,此种物质称为毒物;由毒物引起的疾病称为中毒。

(一)预防中毒的措施

1. 不在生长有毒植物的地区放牧 山区或草原地区,生长有大量的野生植物,是羊的良好天然饲料来源,但有些植物含毒。为了减少或杜绝中毒的发生,要做好有毒植物的鉴定工作,调查有毒植物的分布,不在生长有毒植物的区域内放牧,或实行轮作,铲除毒草。

2. 不饲喂霉败饲料 要把饲料贮存在干燥、通风的地方;饲喂前要仔细检查,如果发霉变质,应废弃不用。

3. 注意饲料的调制、搭配和贮藏 有些饲料本身含有有毒物质,饲喂时必须加以调制。如棉籽饼含有游离棉籽油酚,具有毒性作用,经高温处理后可减毒,减毒后再按一定比例同其他饲料混合搭配饲喂,就不会发生中毒。有些饲料如马铃薯若贮藏不当,其中的有毒物质龙葵素会大量增加,对羊有害,所以应贮存在避光的地方,防止变青发芽;饲喂时也要同其他饲料按一定比例搭配。

4. 妥善保存农药及化肥 一定要把农药和化肥放在仓库内,由专人负责保管,以免误做饲料,引起中毒。被污染的用具或容器应消除毒物后再使用。

对其他有毒药品如灭鼠药等的运输、保管及使用也必须严格,以免羊接触发生中毒事故。

5. 防止水源性毒物 对喷洒过农药和施用过化肥的农田排放水,不应做饮用水;对工厂附近排出的水或池塘内的死水,也不宜让羊饮用。

(二)中毒病羊的急救

羊发生中毒时,要查明原因,及时进行紧急救治。救治的一般原则如下：

1. 除去毒物 有毒物质如系经口摄入，初期可用胃管洗胃，用温水反复冲洗，以排出胃内容物。在洗胃水中加入适量的活性炭，可提高洗胃效果。如中毒发生时间较长，大部分毒物已进入肠道时，应灌服泻剂。一般用盐类泻剂，如硫酸钠或硫酸镁，口服 50～100 克。在泻剂中加活性炭，有利于吸附毒物，效果更好。也可用清水或肥皂水反复给病羊深部灌肠。对已吸收入血液中的毒物，可从颈静脉放血，放血后随即静脉输入相应剂量的 5%葡萄糖生理盐水或复方氯化钠注射液，有良好效果。大多数毒物可经肾脏排泄，所以利尿排毒有一定效果，可用利尿素 0.5～2 克，或醋酸钾 2～5 克，加适量水给羊口服。

2. 应用解毒药 在毒物性质未确定之前，可使用通用解毒药。其配方是：活性炭或木炭末 2 份，氧化镁 1 份，鞣酸 1 份，混合均匀，每只羊口服 20～30 克。该配方兼有吸附、氧化及沉淀 3 种作用，对于一般毒物都有解毒作用。如毒物性质已确定，则可有针对性地使用中和解毒药（如酸类中毒口服碳酸氢钠、石灰水等，碱类中毒口服食用醋等）、沉淀解毒药（如 2%～4%鞣酸或浓茶，用于生物碱或重金属中毒）、氧化解毒药（如静脉注射 1%美蓝，每千克体重 1 毫升，用于含生物碱类的毒草中毒）或特异性解毒药（如解磷定只对有机磷中毒有解毒作用，对其他毒物无效）。

3. 对症治疗 心脏衰弱时，可用强心剂；呼吸功能衰竭时，使用呼吸中枢兴奋剂；病羊不安时，使用镇静剂；为了增强肝脏解毒能力，可大量输液。

九、发生传染病时及时采取措施

羊群发生传染病时，应立即采取一系列紧急措施，就地扑灭，以防止疫情扩大。兽医人员要立即向上级部门报告疫情；同时要立即将病羊和健康羊隔离，不让它们有任何接触，以防健康羊受到传染。对于与病羊发病前后有过接触的羊（虽然在外表上看不出有病，但有被传染的嫌疑，一般叫做可疑感染羊），不能再同其他健康羊在一起饲养，必须单独圈养，经过20天以上的观察不发病，才能与健康羊合群；如有出现症状的羊，则按病羊处理。对已隔离的病羊，要及时进行药物治疗；隔离场所禁止人、畜出入和接近，工作人员出入应遵守消毒制度；隔离区内的用具、饲料、粪便等，未经彻底消毒不得运出；没有治疗价值的病羊，由兽医根据国家规定进行严格处理；病羊尸体要焚烧或深埋，不得随意抛弃。对健康羊要进行疫（菌）苗紧急接种或用药物进行预防性治疗。发生口蹄疫、羊痘等急性烈性传染病时，应立即报告有关部门，划定疫区，采取严格的隔离封锁措施，并组织力量尽快扑灭。

第二章　羊病的诊疗和检验技术

一、临床诊断

临床诊断法是诊断羊病最常用的方法。通过问诊、视诊、触诊、叩诊和嗅诊所发现的症状表现及异常变化，综合起来加以分析，往往可以对疾病做出诊断，或为进一步检验提供依据。

（一）问　诊

问诊是通过询问畜主或饲养员，了解羊发病的有关情况。询问内容一般包括：发病时间，发病头数，病前和病后的异常表现，以往的病史、治疗情况、免疫接种情况，饲养管理情况以及羊的年龄、性别等。但在听取其回答时，应考虑所谈情况与当事人的利害关系（责任），分析其可靠性。

（二）视　诊

视诊是观察病羊的表现。视诊时，最好先从离病羊几步远的地方观察羊的肥瘦、姿势、步态等情况；然后靠近病羊详细察看被毛、皮肤、粘膜、结膜、粪尿等情况。

1. 肥瘦　一般急性病，如急性臌胀、急性炭疽等，病羊身体仍然肥壮；相反，一般慢性病，如寄生虫病等，病羊身体多为瘦弱。

2. 姿势　观察病羊一举一动是否与平时相同，如果不同，就可能是有病的表现。有些疾病表现出特殊的姿势，如破伤风表现四肢僵直，行动不灵便。

3. 步态 一般健康羊步行活泼而稳定。如果羊患病时，常表现行动不稳，或不喜行走。当羊的四肢肌肉、关节或蹄部发生疾病时，则表现为跛行。

4. 被毛和皮肤 健康羊的被毛，平整而不易脱落，富有光泽。在病理状态下，被毛粗乱蓬松，失去光泽，而且容易脱落。患螨病的羊，患部被毛可成片脱落，同时皮肤变厚变硬，出现蹭痒和擦伤。在检查皮肤时，除注意皮肤的颜色外，还要注意有无水肿、炎性肿胀、外伤以及皮肤是否温热等。

5. 粘膜 一般健康羊的眼结膜，鼻腔、口腔、阴道和肛门粘膜表面光滑呈粉红色。如口腔粘膜发红，多半是由于体温升高，身体上有发炎的地方。粘膜发红并带有红点、血丝或呈紫色，是由于严重的中毒或传染病引起的。粘膜苍白，多为贫血；呈黄色，多为黄疸；呈蓝色，多为肺脏、心脏患病。

6. 吃食、饮水、口腔、粪尿 羊采食或饮水忽然增多或减少，以及喜欢舔泥土、吃草根等，也是有病的表现，可能是慢性营养不良。反刍减少、无力或停止，表示羊的前胃有病。口腔有病时，如喉头炎、口腔溃疡、舌有烂伤等，打开口腔就可以看出来。羊的排粪也要检查，主要检查其形状、硬度、色泽及附着物等。正常时，羊粪呈小球形，没有难闻臭味。病理状态下，粪便有特殊臭味，见于各型肠炎；粪便过于干燥，多为缺水和肠弛缓；粪便过于稀薄，多为肠功能亢进；前部肠管出血粪呈黑褐色，后部出血则呈鲜红色；粪内有大量粘液，表示肠粘膜有卡他性炎症；粪便混有完整谷粒和纤维很粗，表示消化不良；混有纤维素膜时，表示为纤维素性肠炎；混有寄生虫及其节片时，说明体内有寄生虫。正常羊每天排尿3～4次，排尿次数和尿量过多或过少，以及排尿痛苦、失禁，都是有病的征候。

7. 呼吸 正常时，羊每分钟呼吸 12～20 次。呼吸次数增多，见于热性病、呼吸系统疾病、心脏衰弱及贫血、腹压升高等；呼吸次数减少，主要见于某些中毒、代谢障碍、昏迷。另外，还要检查呼吸型、呼吸节律以及呼吸是否困难等。

（三）嗅　诊

诊断羊病时，嗅闻分泌物、排泄物、呼出气体及口腔气味也很重要。如肺坏疽时，鼻液带有腐败性恶臭；胃肠炎时，粪便腥臭或恶臭；消化不良时，可从呼气中闻到酸臭味。

（四）触　诊

触诊是用手指或手指尖感触被检查的部位，并稍加压力，以便确定被检查的各个器官组织是否正常。触诊常用如下几种方法：

1. 皮肤检查 主要检查皮肤的弹性、温度、有无肿胀和伤口等。羊的营养不好，或得过皮肤病，皮肤就没有弹性。发高烧时，皮温会升高。

2. 体温检查 一般用手摸羊耳朵或把手插进羊嘴里去握住舌头，可以知道病羊是否发热。测温的准确方法，是用体温表测量。在给病羊测体温时，先把体温表的水银柱甩下去，涂上油或水以后，再慢慢插入肛门里，体温表的 1/3 留在肛门外面，插入后滞留的时间一般为 2～5 分钟。羊的体温，一般幼羊比成年羊高一些，热天比冷天高一些，运动后比运动前高一些，这都是正常的生理现象。羊的正常体温是 38℃～40℃。如高于正常体温，则为发热，常见于传染病。

3. 脉搏检查 检查时，注意每分钟跳动次数和强弱等。检查羊脉搏的部位，是用手指摸后肢股部内侧的动脉。健康羊每分钟脉搏跳动 70～80 次。羊有病时，脉搏的跳动次数和强弱都和正常羊不同。

4. 体表淋巴结检查 主要检查颌下、肩前、膝上和乳房上淋巴结。当羊发生结核病、伪结核病、羊链球菌病时，体表淋巴结往往肿大，其形状、硬度、温度、敏感性及活动性等也会发生变化。

5. 人工诱咳 检查者立在羊的左侧，用右手捏压气管前 3 个软骨环，羊有病时，就容易引起咳嗽。羊发生肺炎、胸膜炎、结核病时，咳嗽低弱；发生喉炎及支气管炎时，则咳嗽强而有力。

(五)听　诊

听诊是利用听觉来判断羊体内正常的和有病的声音。最常用的听诊部位为胸部(心、肺)和腹部(胃、肠)。听诊的方法有两种：一种是直接听诊，即将一块布铺在被检查的部位，然后把耳朵紧贴其上，直接听羊体内的声音。另一种是间接听诊，即用听诊器听诊。不论用哪种方法听诊，都应当把病羊牵到清静的地方，以免受外界杂音的干扰。

1. 心脏听诊 心脏跳动的声音，正常时可听到“嘣——冬”两个交替发出的声音。“嘣”音，为心室收缩时所产生的声音，其特点是低、钝、长、间隔时间短，叫做第一心音。“冬”音，为心室舒张时所产生的声音，其特点是高、锐、间隔时间长，叫做第二心音。第一、第二心音均增强，见于热性病的初期；第一、第二心音均减弱，见于心脏功能障碍的后期或患有渗出性胸膜炎、心包炎；第一心音增强时，常伴有明显的心搏动增强和第二心音微弱，主要见于心脏衰弱的后期，排血量减少，动脉压下降时；第二心音增强时，见于肺气肿、肺水肿、肾炎等病理过程中。如果在正常心音以外听到其他杂音，多为瓣膜疾病、创伤性心包炎、胸膜炎等。

2. 肺脏听诊 是听取肺脏在吸入和呼出空气时，由于肺脏振动而产生的声音。一般有下列5种：

(1)肺泡呼吸音 健康羊吸气时，从肺部可听到“夫”的声音；呼气时，可以听到“呼”的声音，这称为肺泡呼吸音。肺泡呼吸音过强，多为支气管炎、粘膜肿胀等；过弱时，多为肺泡肿胀、肺泡气肿、渗出性胸膜炎等。

(2)支气管呼吸音 是空气通过喉头狭窄部所发出的声音，类似“赫”的声音，此音传到气管，称气管呼吸音，在肺前部“支气管区”听到的称支气管呼吸音。如果在肺部其他部位听到这种声音，多为肺炎的肝变期，见于羊传染性胸膜肺炎等疾病。

(3)啰音 是支气管发炎时，管内积有分泌物，被呼吸的气流冲动而发出的声音。啰音可分为干啰音和湿啰音两种。干啰音甚为复杂，有咝咝声、笛声、口哨声及猫鸣声等，多见于慢性支气管炎、慢性肺气肿、肺结核等。湿啰音类似含漱音、沸腾音或水泡破裂音，多发生于肺水肿、肺充血、肺出血、慢性肺炎等。

(4)捻发音 这种声音像用手指捻毛发时所发出的声音，多发生于慢性肺炎、肺水肿等。

(5)摩擦音 一般有两种：一种为胸膜摩擦音，多发生在肺脏与胸膜之间，多见于纤维素性胸膜炎、胸膜结核等。因为胸膜发炎，纤维素沉积，使胸膜变得粗糙，当呼吸时，两层胸膜互相摩擦而发出声音，这种声音像一手贴在耳上，用另一手的手指轻轻摩擦贴耳的手背所发出的声音。另一种为心包摩擦音，当发生纤维素性心包炎时，心包膜的壁层和脏层失去润滑性，因而伴随心脏的跳动两层膜互相摩擦而发生杂音。

3. 腹部听诊 主要是听取腹部胃肠运动的声音。羊健康的时候，于左肷窝可听到瘤胃蠕动音，呈逐渐增强又逐渐减弱的沙沙音，每两分钟可听到3～6次。羊患前胃弛缓或发热性疾病时，瘤胃蠕动音减弱或消失。羊的肠音，类似于流水声或漱口声，正常时较弱。在羊患肠炎初期，肠音亢进；便秘时，肠音消失。

(六)叩　诊

叩诊是用手指或叩诊锤来叩打羊体表部分或体表的垫着物(如手指或垫板)，借助所发声音来判断内脏的活动状态。羊叩诊方法是左手食指或中指平放在检查部位，右手中指由第二指节成直角弯曲，向左手食指或中指第二指节上敲打。叩诊的音响有：清音、浊音、半浊音、鼓音。清音，为叩诊健康羊的胸廓所发出的持续、高而清的声音。浊音，为健康状态下，叩打臀及肩部肌肉时发出的声音。在病理状态下，当羊胸腔积聚大量渗出液时，叩打胸壁出现水平浊音界。半浊音，为介于浊音和清音之间的一种声音，叩打含少量气体的组织，如肺缘，可发出这种声音；羊患支气管肺炎时，肺泡含气量减少，叩诊呈半浊音。鼓音，如叩打左侧瘤胃处，发鼓响音；若瘤胃臌胀，则鼓响音增强。

(七)大群检查

羊临床诊断时，如羊数不多，可以应用上述各种方法，直接进行个体检查。在运输、仓储等生产环节中，羊的数量较多，不可能逐一进行检查，此时应先做大群检查（初检），从大群羊中先剔出病羊和可疑病羊，然后再对其进行个体检查（复检）。运动、休息和摄食、饮水的检查，是对大群羊进行临床检查的三大环节；眼看、耳听、手摸、检温（即用体温计检查羊的体温），是对大群羊进行临床检查的主要方法。运用"看、听、摸、检"的方法，通过三大环节的检查，可以把大部分病羊从羊群中检查出来。运动时的检查，是在羊群自然活动和人为驱赶活动时的检查，从不正常的姿态中找出病羊。休息时的检查，是在保持羊群安静的情况下，进行看和听，以检出姿态和声音有异常变化的羊。摄食饮水时的检查，是在羊自然摄食、饮水或喂给少量食物、饮水时进行的检查，以检出摄食、饮水有异常表现的羊。根据羊群流转情况，由车船卸下或者由圈舍赶往饲喂场所时，可重点检查运动时的状态；当在车厢、船舱及圈舍内休息时，可重点检查休息时的状态。有时在休息时的检查之后，将羊轰赶起来，令其走动，以检查其运动时的状态。因此，这三个环节的检查可根据实际情况灵活运用。

1. 运动时的检查　检查者位于羊群旁边或进入羊群内。首先，观察羊的精神外貌和姿态步样。健康羊精神活泼，步态平稳，不离群，不掉队。而病羊多精神不振，沉郁或兴奋不安，步行踉跄或做旋回运动，跛行，前肢软弱跪地或后肢麻痹，有时突然倒地发生痉挛等。发现这些异常表现的羊时，应将其剔出做个体检查。其次，注意观察羊的天然孔及分泌物。健康羊鼻镜湿润，鼻孔、眼及嘴角干净；病羊则表现鼻镜干燥，鼻孔流出分泌物，有时鼻孔周围粘有脏土杂物，眼角附着脓性分泌物，嘴角流出唾液。发现这样的羊，应将其剔出复检。

2. 休息时的检查　检查者位于羊群周围，保持一定距离。首先，有顺序地并尽可能地逐只观察羊的站立和躺卧姿态。健康羊吃饱后多合群卧地休息，时而进行反刍，当有人接近时常起立离去。病羊常独自呆立一侧，肌肉震颤及痉挛，或离群单卧，长时间不见其反刍，有人接近也不理睬。发现这样的羊应做进一步检查。其次，与运动时的检查同样要注意羊的天然孔、分泌物及呼吸状态等，当发现口鼻及肛门等处流出异常分泌物及排泄物，鼻镜干燥和呼吸促迫时，也应剔出。再次，注意被毛状态，如发现被毛有脱落之处，无毛部位有痘疹或痂皮时，也要剔出做进一步检查。休息时的检查还要听羊的各种声音，如听到磨牙声、咳嗽声或喷嚏声时，也要剔出复检。

3. 摄食饮水时的检查 是在放牧、喂饲或饮水时对羊的食欲及摄食饮水状态进行的观察。健康羊在放牧时多走在前头，边走边吃草，饲喂时也多抢着吃草，当饮水时或放牧中遇见水时，多迅速奔向饮水处，争先喝水。病羊吃草时，多落在后边，时吃时停，或离群站立不吃草，当全群羊吃饱后，病羊的饥窝（肷部）仍不臌起，饮水时或不喝或暴饮，如发现这样的羊，应予剔出。

二、病料送检

羊群发生疑似传染病时，应采取病料送有关诊断实验室检验。病料的采取、保存和运送是否正确，对疾病的诊断至关重要。

（一）病料的采取

1. 剖检前检查 凡发现羊急性死亡时，必须先用显微镜检查其末梢血液抹片中有无炭疽杆菌存在。如怀疑是炭疽，则不可随意剖检，只有在确定不是炭疽时，方可进行剖检。

2. 取材时间 内脏病料的采取，须于死亡后立即进行，最好不超过 6 小时，否则时间过长，由于肠内侵入其他细菌，易使尸体腐败，影响病原微生物检出的准确性。

3. 器械的消毒 刀、剪、镊子、注射器、针头等应煮沸 30 分钟。器皿（玻璃制、陶制、珐琅制等）可用高压灭菌或干烤灭菌。软木塞、橡皮塞置于 0.5％石炭酸溶液中煮沸 10 分钟。采取 1 种病料，使用 1 套器械和容器，不可混用。

4. 病料采取 应根据不同的传染病，相应地采取该病常受侵害的脏器或内容物。如败血性传染病可采取心、肝、脾、肺、肾、淋巴结、胃、肠等；肠毒血症采取小肠及其内容物；有神经症状的传染病采取脑、脊髓等。如无法判定是哪种传染病，可进行全面采取。检查血清抗体时，采取血液，凝固后析出血清，将血清装入灭菌小瓶中送检。为了避免杂菌污染，对病变的检查应待病料采取完毕后再进行。供显微镜检查用的脓、血液及粘液抹片，可按下述方法制作：先将材料置于载玻片上，再用灭菌玻棒均匀涂抹或以另一玻片一端的边缘与载玻片呈 45°角推抹之；用组织块做触片时，可持小镊将组织块的游离面在载玻片上轻轻涂抹即可。做成的抹片、触片，按图 2-1 包扎，载璃片上应注明号码，并另附说明。

（二）病料的保存

病料采取后，如不能立即检验，或需送往有关单位检验，应当装入容器并加入适量的保存剂，使病料尽量保持新鲜状态。

1. 细菌检验材料的保存 将脏器组织块保存于装有饱和氯化钠溶液或 30％甘油缓冲盐水的容器中，容器加塞封

图 2-1 抹片及触片的包扎

1. 火柴棍或细木棍 2. 玻片 3. 细线 4. 涂面

固。病料如为液体，可装在封闭的毛细玻管或试管中运送。饱和氯化钠溶液的配制法是：蒸馏水 100 毫升、氯化钠 38～39 克，充分搅拌溶解后，用数层纱布过滤，高压灭菌后备用。30％甘油缓冲盐水溶液的配制法是：中性甘油 30 毫升、氯化钠 0.5 克、碱性磷酸钠 1 克，加蒸馏水至 100 毫升，混合后高压灭菌备用。

2. 病毒检验材料的保存 将脏器组织块保存于装有 50％甘油缓冲盐水或鸡蛋生理盐水的容器中，容器加塞封固。50％甘油缓冲盐水溶液的配制方法是：氯化钠 2.5 克、酸性磷酸钠 0.46 克、碱性磷酸钠 10.74 克，溶于 100 毫升中性蒸馏水中，加纯中性甘油 150 毫升、中性蒸馏水 50 毫升，混合分装后，高压灭菌备用。鸡蛋生理盐水的配制法是：先将新鲜鸡蛋表面用碘酊消毒，然后打开将内容物倾入灭菌容器内，按全蛋 9 份加入灭菌生理盐水 1 份，摇匀后用灭菌纱布过滤，再加热至 56℃～58℃，持续 30 分钟，第二天及第三天按上法再加热 1 次，即可应用。

3. 病理组织学检验材料的保存 将脏器组织块放入 10％甲醛溶液或 95％酒精中固定；固定液的用量应为送检病料的 10 倍以上。如用 10％甲醛溶液固定，应在 24 小时后换新鲜溶液 1 次。严寒季节为防病料冻结，可将上述固定好的组织块取出，保存于甘油和10%甲醛溶液等量混合液中。

（三）病料的运送

装病料的容器要一一标号，详细记录，并附病料送检单。病料包装要求安全稳妥，对于危险材料、怕热或怕冻的材料要分别采取措施。一般供病原学检验的材料怕热，供病理学检验的材料怕冻。前者应放入加有冰块的保温瓶内送检，如无冰块，可在保温瓶内放入氯化铵450～500克，加水1.5升，上层放病料，这样能使保温瓶内保持0℃达24小时。包装好的病料要尽快运送，长途以空运为宜。

三、传染病检验

诊断实验室在收到送检病料时，应立即进行检验。羊传染病检验的一般程序和方法如下。

（一）细菌学检验

1. 涂片镜检 将病料涂于清洁无油污的载玻片上，干燥后在酒精灯火焰上固定，选用单染色法（如美蓝染色法）、革兰氏染色法、抗酸染色法或其他特殊染色法染色镜检，根据所观察到的细菌形态特征，做出初步诊断或确定进一步检验的步骤。

2. 分离鉴定 根据所怀疑传染病病原菌的特点，将病料接种于适宜的细菌培养基上，在一定温度（常为37℃）下进行培养，获得纯培养菌后，再用特殊的培养基培养，进行细菌的形态学、培养特征、生化特性、致病力和抗原特性鉴定。

3. 动物实验 用灭菌生理盐水将病料做成1∶10悬液，

或利用分离培养获得的细菌液感染实验动物，如小白鼠、大白鼠、豚鼠、家兔等。感染方法可用皮下、肌内、腹腔、静脉或脑内注射。感染后按常规隔离饲养管理，注意观察，有时还须对某种实验动物测量体温；如有死亡，应立即进行剖检及细菌学检查。

（二）病毒学检验

1. 样品处理 检验病毒的样品，要先除去其中的组织和可能污染的杂菌。其方法是以无菌手段取出病料组织，用磷酸盐缓冲液先洗涤 3 次，然后将组织剪碎、研细，加磷酸盐缓冲液制成 1∶10 悬液（血液或渗出液可直接制成 1∶10 悬液），以 2 000～3 000 转/分离心 15 分钟，取上清液，每毫升加入青霉素和链霉素各 1 000 单位，置冰箱中备用。

2. 分离培养 病毒不能在无生命的细菌培养基上生长。因此，要把样品接种到鸡胚或细胞培养物上进行培养。对分离到的病毒，用电子显微镜检查、血清学试验及动物实验等方法进行理化学和生物学特性的鉴定。

3. 动物实验 用上述方法处理过的待检样品或经分离培养得到的病毒液，接种易感动物，其方法与细菌学检验中的动物实验相同。

（三）免疫学检验

在羊传染病检验中，经常使用免疫学检验法。常用的方法有凝集反应、沉淀反应、补体结合反应、中和试验、免疫扩散、荧光抗体技术、酶标记技术、单克隆抗体技术等血清学检验方法，以及用于某些传染病生前诊断的变态反应方法等。

四、寄生虫病检验

羊寄生虫病的种类很多，但其临床症状除少数外都不够明显。因此，羊寄生虫病的生前诊断往往须要进行实验室检验。常用的方法有以下几种。

（一）粪便检查

羊患了蠕虫病以后，其粪便中可排出蠕虫的卵、幼虫、虫体及其片段，有些原虫的卵囊、包囊也可通过粪便排出。因此，粪便检查是寄生虫病生前诊断的一个重要手段。检查时，粪便应从羊的直肠挖取，或用刚刚排出的粪便。检查粪便中虫卵常用的方法如下：

1. 直接涂片法 在洁净无油污的载玻片上滴 1～2 滴清水，用火柴棒蘸取少量粪便放入其中，涂匀，剔去粗渣，盖上盖玻片，置于显微镜下检查。此法快速简便，但检出率低，最好多检查几个标本。

2. 漂浮法 取羊粪 10 克，加少量饱和盐水，用小棒将粪球捣碎，再加 10 倍量的饱和盐水搅匀，以 60 目铜筛过滤，静置 30 分钟，用直径 5～10 毫米的铁丝圈，与液面平行接触，蘸取表面液膜，抖落于载玻片上并覆盖盖玻片，置于显微镜下检查。该法能查出多数种类的线虫卵和一些绦虫卵，但对相对密度大于饱和盐水的吸虫卵和棘头虫卵，效果不大。

3. 沉定法 取羊粪 5～10 克，放在 200 毫升容量的烧杯内，加入少量清水，用小棒将粪球捣碎，再加 5 倍量的清水调制成糊状，用 60 目铜筛过滤，静置 15 分钟，弃去上清液，保留沉渣。再加满清水，静置 15 分钟，弃去上清液，保留沉渣。如此反复 3～4 次，最后将沉渣涂于载玻片上，置显微镜下检查。此法主要用于诊断虫卵相对密度大的羊吸虫病。

（二）虫体检查

1. 蠕虫虫体检查法 将羊粪数克盛于盆内，加 10 倍量生理盐水，搅拌均匀，静置沉淀 20 分钟，弃去上清液。再于沉淀物中重新加入生理盐水，搅匀，静置后弃去上清液；如此反复 2～3 次，最后取少量沉淀物置于黑色背景上，用放大镜寻找虫体。

2. 蠕虫幼虫检查法 取羊粪球 3～10 个，放在平皿内，加入适量 40℃的温水，10～15 分钟后取出粪球，将留下的液体放在低倍显微镜下检查。蠕虫幼虫常集中于羊粪球表面，因而易于从粪球表面转移到温水中而被检查出来。

3. 螨虫检查法 在羊体患部，先去掉干硬痂皮，然后用小刀刮取一些皮屑，放在烧杯内，加适量的 10％氢氧化钾溶液，微微加温，20 分钟后待皮屑溶解，取沉渣镜检。

五、给药方法

羊的给药方法有多种，应根据病情、药物的性质、羊的大小和头数，选择适当的给药方法。

（一）群体给药法

为了预防或治疗羊的传染病和寄生虫病以及促进畜禽发育、生长等，常常对羊群体施用药物，如抗菌药（四环素族抗生素、磺胺类药等）、驱虫药（如硫苯咪唑等）、饲料添加剂、微生态制剂（如促菌生、调痢生等）等。大群用药前，最好先做小批的药物毒性及药效试验。常用给药方法有以下两种：

1. 混饲给药 将药物均匀混入饲料中，让羊吃料时能同时吃进药物。此法简便易行，适用于长期投药。不溶于水的药物用此法更为恰当。应用此法时要注意药物与饲料的混合必须均匀，并应准确掌握饲料中药物所占的比例；有些药适口性差，混饲给药时要少添多喂。

2. 混水给药 将药物溶解于水中，让羊自由饮用。有些疫苗也可用此法投服。对因病不能吃食但还能饮水的羊，此法尤其适用。采用此法须注意根据羊可能饮水的量，来计算药量与药液浓度。在给药前，一般应停止饮水半天，以保证每只羊都能饮到一定量的水。所用药物应易溶于水。有些药物在水中时间长了易破坏变质，此时应限时饮用药液，以防止药物失效。

(二)口服法

1. 长颈瓶给药法 当给羊灌服流态药物时，可将药物倒入细口长颈的玻璃瓶、塑料瓶或一般的酒瓶中，抬高羊的嘴巴，给药者右手拿药瓶，左手用食、中二指自羊右口角伸入口内，轻轻压迫舌头，羊口即张开；然后右手将药瓶口从左口角伸入羊口中，并将左手抽出，待瓶口伸到舌头中段，即抬高瓶底，将药物灌入。

2. 药板给药法 专用于给羊服用舔剂。舔剂不流动，在口腔中不会向咽部滑动，因而不致发生误咽。给药时，用竹制或木制的药板。药板长约 30 厘米、宽约 3 厘米、厚约 3 毫米，表面须光滑没有棱角。给药者站在羊的右侧，左手将开口器放入羊口中，右手持药板，用药板前部刮取药物，从右口角伸入口内到达舌根部，将药板翻转，轻轻按压，并向后抽出，把药抹在舌根部，待羊下咽后，再抹第二次，如此反复进行，直到把药给完。

(三)灌肠法

灌肠法是将药物配成液体，直接灌入直肠内。羊可用小橡皮管灌肠。先将直肠内的粪便清除，然后在橡皮管前端涂上凡士林，插入直肠内，把连接橡皮管的盛药容器提高到羊的背部以上。灌肠完毕后，拔出橡皮管，用手压住肛门或拍打尾根部，以防药液排出。灌肠药液的温度，应与体温一致。

(四)胃管法

羊插入胃管的方法有两种：一是经鼻腔插入，二是经口腔插入。

1. 经鼻腔插入 先将胃管插入鼻孔内，沿下鼻道慢慢送入，到达咽部时，有阻挡感觉，待羊进行吞咽动作时乘机送入食管；如不吞咽，可轻轻来回抽动胃管，诱发吞咽。胃管通过咽部后，如进入食管，继续深送会感到稍有阻力，这时要向胃管内用力吹气，或用橡皮球打气，如见左侧颈沟有起伏，表示胃管已进入食管。如胃管误入气管，多数羊会表现不安、咳嗽，继续深送，感觉毫无阻力，向胃管内吹气，左侧颈沟看不见波动，用手在左侧颈沟胸腔入口处摸不到胃管，同时，胃管末端有与呼吸一致的气流出现。如胃管已进入食管，继续深送即可到达胃内。此时从胃管内排出酸臭气体，将胃管放低时则流出胃内容物。

2. 经口腔插入 先装好木质开口器，用绳固定在羊头部，将胃管通过木质开口器的中间孔，沿上腭直插入咽部，借吞咽动作胃管可顺利进入食管，继续深送，胃管即可到达胃内。

胃管插入正确后，即可接上漏斗灌药。药液灌完后，再灌少量清水，然后取掉漏斗，用嘴对胃管吹气，或用橡皮球打气，使胃管内残留的液体完全入胃，用拇指堵住胃管管口，或折叠胃管，慢慢抽出。该法适用于灌服大量水剂及有刺激性的药液。患咽炎、咽喉炎和咳嗽严重的病羊，不可用胃管灌药。

（五）注射法

注射法是将已灭菌的液体药物，用注射器注入羊的体内。注射前，要将注射器和针头用清水洗净，煮沸 30 分钟。注射器吸入药液后要直立推进注射器活塞，排除管内气泡，再用酒精棉花包住针头，准备注射。

1. 皮下注射　是把药液注射到羊的皮肤和肌肉之间。羊的注射部位是在颈部或股内侧皮肤松软处。注射时，先把注射部位的毛剪净，涂上碘酊，用左手捏起注射部位的皮肤，右手持注射器，将针头斜向刺入皮肤，如针头能左右自由活动，即可注入药液；注毕拔出针头，在注射点上涂擦碘酊。凡易于溶解又无刺激性的药物及疫苗等，均可进行皮下注射。

2. 肌内注射　是将灭菌的药液注入肌肉比较多的部位。羊的注射部位是在颈部。注射方法基本上与皮下注射相同，不同之处是，注射时以左手拇、食指成“八”字形压住所要注射部位的肌肉，右手持注射器将针头向肌肉组织内垂直刺入，即可注药。一般刺激性小、吸收缓慢的药液，如青霉素等，均可采用肌内注射。

3. 静脉注射　是将灭菌的药液直接注射到静脉内，使药液随血流很快分布到全身，迅速发生药效。羊的注射部位是颈静脉。注射方法是将注射部位的毛剪净，涂上碘酊，先用左手按压静脉靠近心脏的一端，使其怒张，右手持注射器，将针头向上刺入静脉内，如有血液回流，则表示已插入静脉内，然后用右手推动活塞，将药液注入；药液注射完毕后，左手按住刺入孔，右手拔针，在注射处涂擦碘酊即可。如药液量大，也可使用静脉输入器，其注射分两步进行：先将针头刺入静脉，再接上静脉输入器。凡输液（如生理盐水、葡萄糖溶液等），以及药物刺激性大，不宜皮下或肌内注射的药物（如九一四、氯化钙等），多采用静脉注射。

4. 气管注射 是将药液直接注入气管内。注射时，多取侧卧保定，且头高臀低；将针头穿过气管软骨环之间，垂直刺入，摇动针头，若感觉针头确已进入气管，接上注射器，抽动活塞，见有气泡，即可将药液缓缓注入。如欲使药液流入两侧肺中，则应注射 2 次，第二次注射时，须将羊翻转，卧于另一侧。本法适用于治疗气管、支气管和肺部疾病，也常用于肺部驱虫（如羊肺线虫病）。

5. 羊瘤胃穿刺注药法 羊发生瘤胃臌胀时，可采用此法。穿刺部位是在左肷窝中央臌胀最高的部位。其方法是局部剪毛，用碘酊涂擦消毒，将皮肤稍向上移，然后将套管针或普通针头垂直地或朝右侧肘头方向刺入皮肤及瘤胃壁，放出气体后，可从套管针孔注入止酵防腐药。拔出套管针后，穿刺孔用碘酊涂擦消毒。

第三章　羊的主要传染病

羊炭疽

炭疽是人畜共患的急性、热性、败血性传染病。羊多呈最急性经过，突然发病，眩晕，可视粘膜发绀，天然孔出血。

【病　原】

病原为炭疽杆菌。这种杆菌是一种粗而长的革兰氏阳性大杆菌，不运动。分类属芽胞杆菌科、芽胞杆菌属。本菌在形态上具有明显的双重性：在病料内，常单个散在，或几个菌体相连，呈短链条排列，菌体周围绕以肥厚的荚膜，整个菌体宛如竹节状，但不形成芽胞；在人工培养物中，菌体呈长链状排列，两菌接触端如刀切状。在动物体外可形成芽胞，位于菌体中央；芽胞具有很强的抵抗力，在干燥环境中能存活 10 年之久，煮沸需 15～25 分钟才能杀死，临床上常用 20％漂白粉、0.5％过氧乙酸和 10％氢氧化钠作为消毒剂。

炭疽杆菌的毒力主要取决于荚膜和炭疽毒素。荚膜具有抗吞噬和中和抗体的作用，使细菌易于扩散和繁殖。炭疽毒素由水肿因子、保护性抗原和致死因子构成，任何单独一种成分对动物无毒性作用，只有三者协同作用才能引起动物发病。

【诊断要点】

流行特点　各种家畜及人对该病都有易感性，羊的易感性高。病羊是主要传染源，濒死病羊体内及其排泄物中常有大量菌体，若尸体处理不当，炭疽杆菌形成芽胞并污染土壤、水、牧地，则可成为长久的疫源地，羊吃了被污染的饲料或饮水而感染，也可经呼吸道和由吸血昆虫叮咬而感染。本病多发于夏季，呈散发或地方性流行。

临床症状 多为最急性经过，突然发病，患羊昏迷，眩晕，摇摆，倒地，呼吸困难，结膜发绀，全身战栗，磨牙，口、鼻流出血色泡沫，肛门、阴门流出血液，且不易凝固，数分钟即可死亡。羊病情缓和时，兴奋不安，行走摇摆，呼吸加快，心跳加速，粘膜发绀，后期全身痉挛，天然孔出血，数小时内即可死亡。

病理变化 死后尸体迅速腐败而极度膨胀，天然孔流血，血液呈酱油色煤焦油样，凝固不良，可视粘膜发绀或有点状出血，尸僵不全。对死于炭疽的羊，严禁解剖。

实验室诊断 病羊生前采取耳静脉血液，死羊可从末梢血管采血涂片。必要时可做局部解剖，采取小块脾脏，然后将切口用5%石炭酸浸透的棉花或纱布塞好。涂片用荚膜染色法如瑞氏染色、美蓝染色，置于显微镜下观察，若发现带有荚膜的单个、成双或短链的粗大杆菌即可确诊。有条件时可进行细菌分离和阿斯科利氏环状沉淀试验。

类症鉴别 羊炭疽和羊快疫、羊肠毒血症、羊猝殂、羊黑疫在临床症状上相似，都是突然发病，病程短促，很快死亡，应注意鉴别诊断。其中羊快疫用病羊肝被膜触片，美蓝染色，镜检可发现无关节长链状的腐败梭菌。羊肠毒血症在病羊肾脏等实质器官内可见D型魏氏梭菌，在肠内容物中能检出魏氏梭菌ε毒素。羊猝殂用病羊体腔渗出液和脾脏抹片，可见C型魏氏梭菌，从小肠内容物中能检出魏氏梭菌β毒素。羊黑疫用病羊肝坏死灶涂片可见两端钝圆、粗大的B型诺维氏梭菌。

【防治措施】

经常发生炭疽及受威胁地区的易感羊，每年均应做预防接种。目前，我国应用的有两种菌苗：一种是无毒炭疽芽胞苗（对山羊毒力较强，不宜使用），对绵羊可皮下接种0.5毫升；另一种是Ⅱ号炭疽芽胞苗，山羊和绵羊均皮下接种1毫升。

有炭疽病例发生时，对病羊及同群羊应采取不放血方式扑杀，焚烧处理。对污染的羊舍、用具及地面要彻底消毒，可用10％热氢氧化钠液或20％漂白粉连续消毒3次，间隔1小时。被污染的地面用漂白粉消毒后，铲除上边一层，再垫上新土。

羊副结核病

副结核病又称副结核性肠炎，是牛、绵羊、山羊的一种慢性接触性传染病。其特征为间歇性腹泻、进行性消瘦、肠粘膜增厚并形成皱襞。

【病　原】

病原为副结核分枝杆菌，分类上属分枝杆菌科、分枝杆菌属。副结核分枝杆菌为一种短杆菌，无运动性，不形成荚膜和芽胞，在病料或培养基上常成丛排列。初次分离极为困难，革兰氏染色阳性，具有抗酸染色性，对外界环境及酸碱有较强的抵抗力，在污染的牧场、圈舍中可存活数月，对热及紫外线敏感，75％酒精和10％漂白粉能很快将其杀死。

【诊断要点】

在该病流行地区，依据临床症状和病理变化可以做出诊断。

流行特点　副结核分枝杆菌主要存在于病畜的肠道粘膜和肠系膜淋巴结，通过粪便排出体外，污染饲料、饮水等，经消化道感染。幼龄羊的易感性较大，大多在幼龄时感染，经过很长的潜伏期，到成年时才出现临床症状，特别是由于机体的抵抗力减弱，饲料中缺乏无机盐和维生素时，容易发病。呈散发或地方性流行。

临床症状 病羊体重逐渐减轻，间断性或持续性腹泻，粪便呈稀粥状，体温正常或略有升高。发病数月后，病羊消瘦、衰弱、脱毛、卧地，患病末期可并发肺炎，多数归于死亡。

病理变化 剖检尸体常见极度消瘦，病变局限于消化道，回肠、盲肠和结肠的肠粘膜整个增厚或局部增厚，形成皱褶，像大脑皮质的回纹状，肠系膜淋巴结坚硬，颜色苍白，肿大呈索状。

实验室诊断

(1)镜检 生前取疑似病羊的直肠刮取物或粪便(尽可能取带粘液处)，经处理(粪便材料可加入 4～5 倍量的生理盐水，搅匀，纱布过滤后，取滤液 3 000～4 000 转/分离心 30 分钟，取沉淀物涂片)后抗酸染色镜检，发现有成丛的两端钝圆的小杆菌，具有抗酸染色性，即可确诊。

(2)分离培养 可采用粪便培养及肠粘膜和淋巴结培养。粪便培养是一种价值高、可靠的检测带菌动物的方法，可将粪便经稀释、离心取其沉淀物接种于丹钦氏培养基或改良小川氏培养基上，在培养基中加入同源性分枝杆菌浸液可缩短培养时间，提高菌数。肠粘膜和淋巴结培养可用于有临床症状的病羊或病死羊。可刮取直肠粘膜或尸体回肠末端与附近肠系膜淋巴结，做成乳剂，纱布过滤，离心后取沉淀物接种培养基培养。

(3)变态反应诊断 对于没有临床症状或症状不明显的病羊，可用副结核分枝杆菌素或禽结核分枝杆菌素 0.1 毫升，注射于尾根皱襞皮内或颈中部皮内，经 48～72 小时，观察注射部位的反应，若局部发红肿胀，可判为阳性。本法现在只用于群体控制计划开始前的预备试验，揭示有无被致敏的动物。

(4)DNA 探针　本法是检测副结核分枝杆菌和快速鉴定病原菌分离物的良好手段，特异性高，可区别副结核分枝杆菌和其他分枝杆菌。

(5)补体结合反应诊断　抗原采用酚水提取的禽结核分枝杆菌的脂多糖或副结核分枝杆菌的脂多糖，以常规的补体结合反应术式进行；判定标准为：采用被检血清 1∶10 稀释，50%以上抑制溶血时判为阳性，30%～50%抑制溶血判为可疑，30%以下抑制溶血判为阴性。

(6)酶联免疫吸附试验　是比较敏感的方法，与补体结合反应均属于体液免疫检测范畴，和变态反应诊断在阳性检出率上不可能一致，它们之间的符合率也是很低的，在实际工作中，同时采用两种手段，可明显提高检出率。

此外，免疫斑点试验、琼脂免疫扩散试验、间接血凝试验、免疫荧光抗体技术及对流免疫电泳技术等均可用于本病的诊断，其中免疫斑点试验具有与酶联免疫吸附试验相似的敏感度，且具有简便、快速、可在野外使用的优点。

类症鉴别　该病应与胃肠道寄生虫病、营养不良、沙门氏菌病等相鉴别。寄生虫病在粪便中常发现大量虫卵，剖检时在胃肠道里有大量的寄生虫，肠粘膜没有副结核病的病理变化。营养不良多见于冬、春枯草季节，病羊消瘦、衰弱；在早春抢青阶段，也会发生腹泻，但肠粘膜没有副结核病的皱褶变化。沙门氏菌病多呈急性或亚急性经过，粪便中能分离出致病性沙门氏菌。

【防治措施】

羊副结核病无治疗价值。发病后的防治措施包括:病羊群用变态反应每年检疫4次,对出现临床症状或变态反应阳性的病羊,及时淘汰;感染严重、经济价值低的一般生产群应立即将整群淘汰;对围栏彻底消毒,空闲1年后再引入健康羊。

破伤风

破伤风是人畜共患的一种创伤性、中毒性传染病。其特征是患病动物全身肌肉发生强直性痉挛,对外界刺激的反射兴奋性增强。

【病　原】

病原为破伤风梭菌。破伤风梭菌又称强直梭菌,分类上属芽胞杆菌属,为细长的杆菌,多单个存在,能形成芽胞,位于菌体的一端,似鼓槌状,周鞭毛,能运动,无荚膜。幼龄培养物革兰氏染色阳性,培养48小时后常呈阴性反应。

破伤风梭菌产生破伤风痉挛毒素、溶血毒素及非痉挛毒素,其中破伤风痉挛毒素引起该病特征性症状和刺激保护性抗体的产生。溶血毒素引起局部组织坏死,为该菌生长繁殖创造条件;静脉注射溶血毒素可引起实验动物溶血死亡。非痉挛毒素对神经末梢有麻痹作用。

破伤风梭菌繁殖体的抵抗力与一般非芽胞菌相似,但芽胞抵抗力甚强,耐热,在土壤中可存活几十年;10%碘酊、10%漂白粉液及30%过氧化氢能很快将其杀死。本菌对青霉素敏感,磺胺药次之,链霉素无效。

【诊断要点】

根据病羊的创伤史和比较特殊而明显的临床症状,确诊不难。

流行特点 破伤风梭菌在自然界中广泛存在，羊经创伤感染破伤风梭菌后，如果创口内具备缺氧条件，病原在创口内生长繁殖产生毒素，作用于中枢神经系统而发病。常见于外伤、阉割和脐部感染。在临床上有不少病例往往找不出创伤，这种情况可能是在破伤风潜伏期中创伤已经愈合，也可能是经胃肠粘膜的损伤而感染。该病以散发形式出现。

临床症状 病初症状不明显，以后表现为不能自由卧下或起立，四肢逐渐强直，运步困难，角弓反张，牙关紧闭，流涎，尾直，常发生轻度肠臌胀。突然的声响，可使骨骼肌发生痉挛，致使病羊倒地。发病后期，常因急性胃肠炎而引起腹泻。病死率很高。

实验室诊断 有必要时，可从创伤感染部位取材，进行细菌分离和鉴定，结合动物实验进行诊断。

【防治措施】

治疗时可将病羊置于光线较暗的安静处，给予易消化的饲料和充足的饮水。彻底清除伤口内的坏死组织，用3%过氧化氢、1%高锰酸钾溶液或5%～10%碘酊进行消毒处理。病初应用破伤风抗毒素5万～10万单位肌肉或静脉注射，以中和毒素；为了缓解肌内痉挛，可用25%硫酸镁注射液10～20毫升肌内注射，并配合应用5%碳酸氢钠溶液100毫升静脉注射。对长期不能采食的病羊，还应每天补糖、补液，当病羊牙关紧闭时，可用3%普鲁卡因5毫升和0.1%肾上腺素0.2～0.5毫升，混合注入咬肌内。中药用防风散或千金散，根据病情加减。

预防本病，应注意在发生外伤时立即用碘酊消毒；阉割羊或处理羔羊脐带时，也要严格消毒。

羊坏死杆菌病

坏死杆菌病是畜禽共患的一种慢性传染病。在临床上表现为皮肤、皮下组织和消化道粘膜的坏死,有时在其他脏器上形成转移性坏死灶。

【病　原】

病原为坏死梭杆菌。这种梭杆菌为革兰氏阴性、严格厌氧的细菌,分类上属拟杆菌科、梭形杆菌属。具有明显的多形性,小者呈球杆状,大者为长丝状,且多见于病灶及幼龄培养物中,染色时因着色不匀,犹如串珠状。本菌无鞭毛,无芽胞,也不产生荚膜。该菌至少可产生两种毒素:其外毒素皮下注射(兔)可引起组织水肿,静脉注射则数小时内死亡;内毒素皮下或皮内注射可致组织坏死。

坏死梭杆菌对理化因素抵抗力不强,对热及常用消毒剂敏感,但在污染的土壤中能长时间存活。本菌对4%醋酸溶液敏感。

【诊断要点】

根据流行情况和临床症状,基本上可以确诊。

流行特点　坏死梭杆菌在自然界分布很广,动物的粪便、死水坑、沼泽和土壤中均有存在,通过损伤的皮肤和粘膜而感染,多见于低洼潮湿地区和多雨季节,呈散发性或地方性流行。

临床症状　绵羊患坏死杆菌病多于山羊,常侵害蹄部,引起腐蹄病。初呈破行,多为一肢患病,蹄间隙、蹄和蹄冠开始红肿、热痛,而后溃烂,挤压肿烂部有发臭的脓样液体流出。随病变发展,可波及到腱、韧带和关节,有时蹄匣脱落。绵羊羔可发生唇疮,在鼻、唇、眼部甚至口腔发生结节和水疱,随后结成棕色痂块。轻症病例，能很快恢复，重症病例若治疗不及时，往往由于内脏形成转移性坏死灶而死亡。

实验室诊断 从病羊的病灶与健康组织的交界处采取病料涂片，用稀释石炭酸复红或碱性美蓝加温染色、镜检，发现着色不匀，犹如串珠状细长丝状菌即可做出诊断。分离培养时，可用套有针头的灭菌注射器，充满二氧化碳，刺入病变组织边缘，抽出炎性渗出物，再将针头插入灭菌橡胶块内（避免空气进入），立即在厌氧条件下进行接种，初次分离最好用含0.02%结晶紫、0.01%孔雀绿和苯乙基乙醇（抑制杂菌生长）的卵黄培养基（也可用新霉素、万古霉素、链霉素或链霉素和结晶紫作为杂菌抑制剂），接种后置含有10%二氧化碳、80%氮气、10%氢气和以冷钯为催化剂的厌氧罐内培养48～72小时，可疑菌落呈蓝色，中央不透明，边缘有一亮带。纯培养后经生化鉴定（发酵葡萄糖、麦芽糖、果糖、乳糖、蔗糖和水杨苷产生微酸和气体，分解苏氨酸产生丙酸盐和气体，产生硫化氢和吲哚，还原美蓝，不还原硝酸盐，不液化明胶，M. R. 和 V-P 试验阴性）做出诊断。如欲从体表坏死部位分离本菌，则应从病健组织交界处采集病料，将病料接种于兔或小鼠皮下，取死后的脏器（最好是肝脏）的转移性坏死灶病料，进行分离培养。

【防治措施】

对腐蹄病羊的治疗，首先要清除坏死组织，用食醋、3%来苏儿或1%高锰酸钾溶液冲洗，或用6%甲醛溶液或5%～10%硫酸铜溶液脚浴，然后用抗生素软膏涂抹，为防止硬物刺激，可将患部用绷带包扎。当发生转移性病灶时，应进行全身治疗，以注射磺胺嘧啶或土霉素效果最好，连用5天，并配合应用强心和解毒药，可促进康复，提高治愈率。

预防应加强管理，保持羊圈干燥，避免发生外伤，如发生外伤，应及时涂擦碘酊。

山羊伪结核病

山羊伪结核病是由伪结核棒状杆菌感染所引起的一种接触性、慢性传染病，又称为山羊干酪性淋巴结炎。其特征为局部淋巴结发生干酪样坏死，有时在肺、肝、脾和子宫角等处发生大小不等的结节，内含淡黄绿色干酪样物质。

【病　原】

伪结核棒状杆菌为不规则、无芽胞革兰氏阳性杆菌，分类上属棒状杆菌属。具有多形性，呈球状、杆状，偶见丝状；在脓汁中多形性更明显，在新鲜脓汁中杆状占优势，而在陈旧脓汁中则以球状占优势。在培养物中则呈较一致的球杆状，排列多呈丛状，无鞭毛和荚膜，美蓝染色着色不匀，非抗酸性。有氧条件下培养，本菌在琼脂和凝固血清上形成灰色或赤白色菌落，菌落成鳞片状，不易乳化于液体中，在肉汤中管底能形成团块，在马铃薯培养基上不生长或生长贫瘠。不产生吲哚，对明胶无液化作用。本菌对干燥有抵抗力，在自然环境中能存活很长时间，对热及多种消毒剂敏感。

【诊断要点】

根据本病的特殊症状和病变，可做出初步诊断。对某些缺乏明显临床症状的病例，只有在宰杀后见到淋巴结肿大、化脓，脓汁呈干酪样等，方可做出初步诊断。确诊需自未破溃的脓肿采集脓汁，接种于血琼脂培养基上，做细菌分离培养，取典型菌落进行生化鉴定。

流行特点　伪结核棒状杆菌存在于土壤、肥料、肠道内和皮肤上，经创伤感染。

临床症状　该病在羔羊中少见，随羊龄增长，发病增多。感染初期，局部发生炎症，后波及邻近淋巴结，淋巴结慢慢增大和化脓，脓初稀，渐变为牙膏样或干酪样。病羊一般没有明显症状，屠宰时才被发现。如体内淋巴结和内脏受波及时，则病羊逐渐消瘦、衰弱，呼吸加快，时有咳嗽，最后陷于恶病质而死亡。该病在头部和颈部淋巴结发生较多，肩前、股前和乳房等淋巴结次之。

病理变化　剖检见尸体消瘦，被毛粗乱、干燥，体表淋巴结肿大，内含干酪样坏死物；在肺、肝、脾、肾和子宫角等处有大小不一、数量不等的脓肿。

实验室诊断　对动物特征性化脓病灶（无臭味、牙膏样脓汁）涂片染色镜检。如为革兰氏阳性，抗酸染色阴性，呈多形性形态学特征，可初步疑为伪结核棒状杆菌。进一步用血琼脂平板分离培养，并加以鉴定。本菌菌落微溶血，易于推动；不液化凝固血清，石蕊牛乳无变化，接触酶试验阳性。据此，可与化脓棒状杆菌相区别。血清学试验，如抗溶血抑制试验、间接血凝试验、琼脂扩散试验，也可用来诊断本菌所致疾病。

【防治措施】

伪结核棒状杆菌对青霉素高度敏感，但因脓肿有厚包囊，疗效不好。据报道，早期用0.5%黄色素10毫升静脉注射有效，如与青霉素并用，可提高疗效。对脓肿按一般外科常规连同包膜一并摘除。平时预防须做好皮肤和环境的清洁卫生工作，皮肤破伤应注意及时处理，发现病羊应及时隔离治疗。

羊土拉杆菌病

土拉杆菌病是牧场绵羊（特别是羔羊）的一种急性败血性

疾病，也是人畜共患病，又称为野兔热。特征为发热，肌肉僵硬和淋巴结肿大。

【病　原】

病原为土拉弗朗西斯氏菌。土拉弗朗西斯氏菌是弗朗西斯菌属的代表种，是一种多形态的细菌。在患病动物的血液内近似球状，在培养物中则有球状至丝状等形态。不能运动，不产生芽胞，强毒菌株能产生荚膜。革兰氏染色阴性，美蓝染色呈两极着色。本菌难于培养，常用葡萄糖-胱氨酸琼脂、血液胱氨酸琼脂培养，初次分离常需2～5天以上才能形成透明灰白色、带粘性的小菌落。本菌对热及常用消毒剂敏感，但在土壤、水、肉和皮毛中可存活数十天，在尸体中可存活100余天，对链霉素和四环素族抗生素敏感。实验动物中，小鼠、豚鼠、家兔等都易感，任何途径接种都可感染，多于8～15天发生败血症死亡。

【诊断要点】

流行特点　该病的易感动物种类很多，人也可感染。野兔和野生啮齿动物是主要传染源，通过蜱、蚊和虻等吸血动物传播；污染的饲料和饮水等也是传播媒介。

临床症状　发病后体温高达40.5℃～41℃，精神委顿，步态僵硬、不稳，后肢软弱或瘫痪。体表淋巴结肿大，2～3天后体温恢复正常，但之后又常回升。一般8～15天痊愈。妊娠母羊发生流产和死胎，羔羊发病较重，除上述症状外，见有腹泻，有的兴奋不安，有的呈昏睡状态，不久死亡，病死率很高。山羊较少患病，症状与绵羊相似。

病理变化　剖检尸体可见体表寄生着许多蜱，组织贫血明显，在皮下和浆膜下分布着许多出血点，在蜱侵袭部位及其附近尤为显著。淋巴结肿大，有坏死和化脓灶。肝、脾可能肿大。在一些羔羊中，肺脏的尖叶与心叶可能有肺炎病变。

实验室诊断 可疑病畜或尸体可采血液、淋巴结、肝、脾、肾的病变组织涂片染色镜检，发现革兰氏阴性、两极着色、在细胞内成堆排列的较小菌体，具有诊断意义。如做分离培养，事前须将污染病料接种实验动物；培养基可用含有胱氨酸、血液的特殊培养基，有微生物生长时，应用荧光抗体染色或凝集试验进行鉴定。也可进行变态反应诊断，即用土拉杆菌素0.2毫升注射于羊尾根皱褶处皮内，24小时后检查，如局部发红、肿胀、发硬、疼痛者为阳性，但有一部分病羊不发生反应。血清学试验如凝集反应和沉淀反应也可用于本病诊断。

【防治措施】

本病治疗以链霉素最为有效，其次是土霉素和金霉素，每天2次，肌内注射。连用5～7天。用量是：链霉素按每千克体重10毫克，土霉素和金霉素按每千克体重5～10毫克。为了防止蜱对羊群的侵袭，可用灭蜱药物进行全群药浴；病死羊的尸体以及各种啮齿动物的尸体要深埋，以免污染环境。

羊放线菌病

放线菌病是牛、羊和其他家畜及人的一种非接触传染的慢性病。其特征为局部组织增生与化脓，形成放线菌肿。

【病 原】

病原主要是牛放线菌和林氏放线杆菌，此外，还有化脓放线菌（原名化脓棒状杆菌）和金色葡萄球菌。牛放线菌为不规则的革兰氏阳性杆菌，分类上属放线菌属，是一种不运动、不形成芽胞的杆菌，有长成菌丝的倾向。在动物组织中呈现带有辐射状菌丝的颗粒性聚集物——菌芝，外观似硫黄颗粒，其大小如帽针头，呈灰色、灰黄色或微棕色，质地柔软或坚硬。涂片经革兰氏染色后，其中心菌体为紫色，周围辐射状菌丝为红色。本菌抵抗力微弱，一般消毒剂均可将其杀死，对青霉素、链霉素、四环素等抗生素敏感。

林氏放线杆菌为革兰氏阴性、兼性厌氧的杆菌，分类上属巴氏杆菌科、放线杆菌属，是一种不运动、不形成芽胞和荚膜的多形态革兰氏阴性杆菌，在动物组织中也形成菌芝，无显著的辐射状菌丝。革兰氏染色，中心与周围均呈红色。本菌对外界环境条件抵抗力不强，对链霉素、四环素等抗生素敏感。

【诊断要点】

依据特征性的临床症状，即可做出诊断。

流行特点　放线菌病的病原不仅存在于污染的土壤、饲料和饮水中，而且还寄生于动物口腔、咽部粘膜、扁桃体和皮肤等部位。因此，粘膜或皮肤上只要有破损，便可以感染。该病一般为散发。

临床症状　常见下颌骨肿大，肿胀发展缓慢，最初的症状是下唇和面部的其他部位增厚，经过几个月才在增厚的皮下组织中形成直径达 5 厘米左右、单个或多数的坚硬结节，有时皮肤化脓破溃，形成瘘管。病羊不能采食，消瘦，衰弱。舌和咽部感染时，组织肿胀变硬，流涎，咀嚼困难。乳房患病时，呈弥漫性肿大或有局灶性硬结。

【防治措施】

硬结可用外科手术切除，若有瘘管形成，要连同瘘管彻底切除。切除后的新创腔，用碘酊纱布填塞，1～2 天更换 1 次；伤口周围注射 10%碘酊醚或 2%鲁格氏液。口服碘化钾，每天 1～3 克，可连用 2～4 周；在用药过程中如出现碘中毒现象（脱毛、消瘦和食欲缺乏等），应暂停用药 5～6 天或减少剂量。

抗生素治疗本病也有效，可同时用青霉素和链霉素注射于患部周围，青霉素每千克体重1万～1.5万单位，链霉素每千克体重10毫克，每天1次，连用5天为1个疗程。

预防本病主要是防止皮肤和粘膜发生损伤，避免饲喂粗糙草料，发现伤口要及时处理和治疗。

羊李氏杆菌病

李氏杆菌病又称转圈病，是畜禽、啮齿动物和人共患的传染病。临床特征是病羊神经系统功能紊乱，表现转圈运动，面部麻痹，孕羊可发生流产。

【病　原】

病原为单核细胞增多症李氏杆菌。单核细胞增多症李氏杆菌分类上属李氏杆菌属，是一种规整革兰氏阳性小杆菌。在抹片中或单个存在，或两个排成“V”字形，或互相并列，无荚膜，无芽胞，有周身鞭毛，能运动。可生长温度范围广，4℃时也能缓慢生长，pH值5～9.6均能生长。血琼脂上生长的菌落，周围有窄的β型溶血环。明胶穿刺培养，不液化明胶。在含有0.1%亚碲酸钾的培养基上形成的菌落较小，呈黑色边缘发绿。在各种培养基上，发育初期的菌落于暗的斜射光线下观察时，可见特征的如清白色荧光。能发酵麦芽糖，鼠李糖、水杨苷产酸不产气，不发酵阿拉伯糖、棉籽糖、木糖和卫矛醇，M.R.和V-P试验通常为阳性。本菌对食盐耐受性强，对热的耐受性比大多数无芽胞杆菌强，65℃经30～40分钟才能被杀死，一般消毒剂均可灭活。本菌对青霉素有抵抗力，对链霉素、四环素族抗生素和磺胺类药物敏感。家兔、豚鼠、小鼠对本病都易感，注射、滴眼均可感染，引起发病。

【诊断要点】

流行特点 该病的易感动物范围很广，几乎各种家畜、家禽和野生动物均可通过消化道、呼吸道及损伤的皮肤而感染。通常呈散发性，发病率低，病死率很高。

临床症状 病羊短期发热，精神抑郁，食欲减退，多数病例表现脑炎症状，如转圈、倒地、四肢做游泳姿势，颈项强直，角弓反张，颜面神经麻痹，嚼肌麻痹，咽麻痹，昏迷等。孕羊可出现流产。羔羊多以急性败血症而迅速死亡，病死率甚高。

病理变化 剖检一般没有特征的肉眼可见病变。有神经症状的病羊，脑及脑膜充血、水肿，脑脊液增多、稍浑浊。流产母羊都有胎盘炎，表现子叶水肿坏死，血液和组织中单核细胞增多。

实验室诊断 采血、肝、脾、肾、脑脊髓液、脑的病变组织等做触片或涂片，革兰氏染色镜检。如见有革兰氏阳性，呈“V”字形排列或并列的细小杆菌，可做出初步诊断。再取上述材料接种于0.5%～1%葡萄糖血琼脂平板上，得到纯培养物后，通过革兰氏染色、溶血检查、运动性检查、生化特性检查及血清学检查，即可确诊。荧光抗体染色可用于迅速鉴定本菌。另外，培养物的鉴定也可应用实验动物进行（用家兔或豚鼠做滴眼感染试验）。

类症鉴别 该病应与具有神经症状的疾病相区别，如羊的脑包虫病。患脑包虫病的病羊仅有转圈或斜着走等症状，病的发展缓慢，不传染给其他羊。另外，应与有神经症状及流产症状的其他疾病，如慢性型羔羊痢疾、软肾病、狂犬病、酮病、瘤胃酸中毒等进行鉴别（主要靠实验室检查）。

【防治措施】

早期大剂量应用磺胺类药物，或与抗生素并用，有良好的治疗效果。用20%磺胺嘧啶钠5～10毫升，氨苄青霉素按每千克体重1万～1.5万单位，庆大霉素每千克体重1 000～1 500单位，均肌内注射，每天2次。病羊有神经症状时，可对症治疗。预防本病平时应注意清洁卫生和饲养管理，消灭圈舍内的啮齿动物；发病地区应将病羊隔离治疗，病羊尸体要深埋，并用5%来苏儿对污染场地进行消毒。

羔羊大肠杆菌病

羔羊大肠杆菌病是由致病性大肠杆菌所引起的一种幼羔急性、致死性传染病。临床上表现为腹泻和败血症。

【病　原】

大肠杆菌是革兰氏阴性、中等大小的杆菌。分类上属肠杆菌科、埃希氏菌属。无芽胞，具有周鞭毛，对糖发酵能力强。本菌对外界不利因素的抵抗力不强，60℃ 15分钟即死亡，一般常用消毒剂均易将其杀死。

致病性大肠杆菌与动物肠道内正常寄居的非致病性大肠杆菌在形态、染色、培养特性和生化反应等方面没有差别，但抗原结构不同。致病性菌株一般能产生1种内毒素和1～2种肠毒素。内毒素能耐高热，100℃ 30分钟才被破坏。肠毒素有两种：一种不耐热(LT)，有抗原性，分子量大，60℃经10分钟被破坏；另一种耐热(ST)，无抗原性，分子量小，须60℃以上和较长时间才能被破坏。

大肠杆菌有菌体抗原(O)、表面抗原(K)和鞭毛抗原(H)3种主要抗原，另外，许多与腹泻有关的致病菌株带有菌毛抗原(也叫粘着素抗原或定居因子抗原)。根据抗原成分，将致病性大肠杆菌分为许多血清型。引起一种动物发病的大肠杆菌，常为一定的血清型，一个畜群如不由外地引进同种家畜，其病原性菌株常为一定的1～2种血清型。

【诊断要点】

依据临床症状、病理变化和流行情况，可做出初步诊断，确诊须进行实验室诊断。

流行特点 多发生于数日龄至6周龄的羔羊，有些地方3～8月龄的羊也有发生，呈地方性流行，也有散发的。该病的发生与气候不良、营养不足、场地潮湿污秽等有关。放牧季节很少发生，冬、春舍饲期间常发。经消化道感染。

临床症状 潜伏期1～2天。分为败血型和腹泻型。

(1)败血型 多发生于2～6周龄羔羊。病羊体温41℃～42℃，精神沉郁，迅速虚脱，有轻微的腹泻或不腹泻，有的带有神经症状，运步失调、磨牙、视力障碍，也有的病例出现关节炎，多于病后4～12小时死亡。常见菌型为$O_{72}:K_{80}$，其他为O_{8}，O_{9}，O_{10}，O_{15}，O_{20}，O_{35}，O_{86}，O_{78}，O_{26}，O_{115}，O_{137}等。

(2)腹泻型 多发生于2～8日龄新生羔。病初体温略高。出现腹泻后体温下降，粪便呈半液状，带有气泡，有时混有血液。羔羊表现腹痛，虚弱。严重脱水，不能起立。如不及时治疗，可于24～36小时死亡，病死率15%～17%。常见菌型为$O_{78}:K_{80}$(B)，其他为O_{25}，O_{26}，O_{115}，O_{117}，O_{137}等。

病理变化 败血型者剖检胸、腹腔和心包见大量积液，内有纤维素样物；关节肿大，内含浑浊液体或脓性絮片；脑膜充血，有许多小出血点。腹泻型者主要为急性胃肠炎变化，胃内乳凝块发酵，肠粘膜充血、水肿和出血，肠内混有血液和气泡，肠系膜淋巴结肿胀，切面多汁或充血。

实验室诊断 采取内脏组织、血液或肠内容物用麦康凯或其他鉴别培养基划线分离，挑取可疑菌落转种三糖铁培养基培养后，反应符合大肠杆菌者（斜面产酸，柱子产酸产气，无黑色），纯培养后进行生化鉴定（发酵葡萄糖产酸产气，发酵乳糖、蔗糖、阿拉伯糖、棉籽糖产酸，M. R. 试验阳性，V-P 试验阴性，能够产生吲哚，不产生硫化氢，不能利用柠檬酸盐）和血清学鉴定，以确定血清型。有条件时可进行粘着素抗原检查和肠毒素检查。

类症鉴别 B 型魏氏梭菌也可引起初生羔羊腹泻，应注意区别。在病羔濒死或刚死时，采取内脏和肠内容物做细菌分离培养，如分离出纯的 B 型魏氏梭菌时，具有鉴别诊断意义。

【防治措施】

大肠杆菌对土霉素和磺胺类药物都有敏感性，但必须配合护理和其他对症疗法。土霉素按每天每千克体重 20～50 毫克，分 2～3 次口服；或按每天每千克体重 10～20 毫克，分 2 次肌内注射。20%磺胺嘧啶钠 5～10 毫升，肌内注射，每天 2 次；或口服复方新诺明，每次每千克体重 20～25 毫克，1 天 2 次，连用 3 天。也可使用微生态制剂，如促菌生等，按说明拌料或口服，使用此制剂时，不可与抗菌药物同用。新生羔再加胃蛋白酶 0.2～0.3 克。对心脏衰弱的，皮下注射 25%安钠咖注射液 0.5～1 毫升；对脱水严重的，静脉注射 5%葡萄糖盐水 20～100 毫升；对有兴奋症状的病羔，用水合氯醛 0.1～0.2 克加水灌服。

预防本病，主要是对母羊加强饲养管理，做好抓膘、保膘工作，保证新生羔羊健壮、抗病力强。同时应注意羔羊的保暖。特异性预防可使用灭活菌苗。对病羔要立即隔离，及早治疗。对污染的环境、用具要用 3%～5%来苏儿液消毒。

羊钩端螺旋体病

钩端螺旋体病是由钩端螺旋体引起的人畜共患的一种自然疫源性传染病。临床特征为黄疸、血色素尿、粘膜和皮肤坏死、短期发热和迅速衰竭。羊感染后多呈隐性经过。

【病　原】

病原为似问号形钩端螺旋体。这种钩端螺旋体在分类上属螺旋体目、钩端螺旋体科、钩端螺旋体属。菌体呈细长丝状，具有纤细、规则的螺旋，中央有 1 根轴丝，暗视野检查时，常似细小的珠链状，一端或两端弯曲呈钩状，没有鞭毛，可绕长轴旋转和摆动，进行很活泼的运动，因而菌体常呈 C，S，O 等多种形状。常用柯索夫培养基和希夫纳培养基培养。钩端螺旋体对外界抵抗力较强，在水田、池塘、沼泽中可以存活数月或更长时间，对该病的传播有重要作用。本菌对酸、碱敏感，加热至 50℃ 10 分钟即可致死，干燥和直射阳光均能使其迅速死亡，一般消毒剂的常用浓度均易杀死本菌。

【诊断要点】

流行特点　本病的易感动物范围广，包括各种家畜和野生动物，其中鼠类最易感。病畜和带菌动物是传染源，特别是带菌鼠在钩端螺旋体病的传播上起着重要的作用。病原从尿排出后，污染周围的水源和土壤，经皮肤、粘膜和消化道而感染。该病多发于夏、秋季节，气候温暖、潮湿和多雨地区尤为多发。

临床症状　潜伏期 4～5 天。一般为隐性感染，少数病例可见发热，饮食和反刍停止，腹泻带血，血尿，黄疸，口腔、鼻粘膜发生坏死，怀孕羊多流产，病羊消瘦。

病理变化 剖检尸体消瘦，粘膜有不同程度的黄染，皮下胶样浸润及出血，肠粘膜及浆膜有大量出血，胸、腹腔有黄色渗出液；肝通常肿大松软，呈黄色或色调不均匀，质地脆弱；肾脏增大数倍，皮质有散在的灰白色病灶；淋巴结肿大、出血。

实验室诊断 在病羊发热初期，采取血液，在发热期采取尿液，死亡后立即取肾和肝，送实验室检查。用姬姆萨或镀银染色或暗视野直接镜检，可见菌体呈螺旋状、两端弯曲成钩状的病原体。分离培养用柯索夫或希夫纳培养基接种，经 5～7 天培养后，如果培养基略呈浑浊（乳白色），立即做暗视野检查，发现菌体即可确诊。动物接种常用幼龄豚鼠（体重 100～200 克），潜伏期一般为 3～5 天，动物升温后出现活动迟钝，食欲减少，1～2 天后出现黄疸，死前扑杀，观察病变，接种培养基和检查菌体。血清学诊断可用凝集溶解试验、补体结合试验和酶联免疫吸附试验。

【防治措施】

一般认为链霉素和四环素族抗生素对本病有一定疗效。链霉素按每千克体重 15～25 毫克，肌内注射，1 天 2 次，连用 3～5 天；土霉素按每千克体重 10～20 毫克，肌内注射，每天 1 次，连用 3～5 天。如使用青霉素，必须大剂量才有疗效。

当羊群发生该病时，立即隔离，治疗病羊及带菌羊；对污染的水源、场地、栏舍、用具等进行消毒；及时用钩端螺旋体多价苗进行紧急预防接种。在常发地区，平时应进行预防接种，加强饲养管理，以提高羊群抵抗力。

绵羊巴氏杆菌病

巴氏杆菌病主要是由多杀性巴氏杆菌所引起的各种家畜、家禽和野生动物的一种传染病，在绵羊主要表现为败血症和肺炎。本病分布广泛。

【病　原】

多杀性巴氏杆菌是两端钝圆、中央微凸的短杆菌，革兰氏阴性。分类上属巴氏杆菌科、巴氏杆菌属。病羊组织涂片、血液涂片经瑞氏染色或美蓝染色，可见菌体两端浓染，呈两极着色。病菌一般存在于病羊的血液、内脏器官、淋巴结及病变局部组织和一些外表健康动物的上呼吸道粘膜及扁桃体内。在血清琼脂上形成淡灰白色、露珠样小菌落，血琼脂上不溶血，在血清肉汤或1%胰蛋白胨肉汤中呈均匀浑浊，并能形成菌环和粘性沉淀。本菌能分解葡萄糖、蔗糖、果糖、半乳糖和甘露醇产酸不产气，不分解乳糖、鼠李糖、杨苷和菊糖，能产生硫化氢和吲哚，接触酶和氧化酶试验阳性，M. R. 和 V-P 试验阴性，不液化明胶，能还原硝酸盐，石蕊牛乳无变化。多杀性巴氏杆菌抵抗力不强，对干燥、热和阳光敏感，用一般消毒剂在数分钟内可将其杀死。本菌对链霉素、青霉素、四环素以及磺胺类药物敏感。本菌依据荚膜抗原分为 A，B，D，E 和 F5 个血清群，依据菌体 O 抗原分为 12 个血清型，羊以 6：B 最常见。

【诊断要点】

流行特点　多种动物对多杀性巴氏杆菌都有易感性。在绵羊多发于幼龄羊和羔羊，山羊不易感染。病羊和健康带菌羊是传染源。病原随分泌物和排泄物排出体外，经呼吸道、消化道及损伤的皮肤而感染。带菌羊在受寒、长途运输、饲养管理不当抵抗力下降时,可发生自体内源性感染。

临床症状 按病程长短可分为最急性型、急性型和慢性型3种。

(1)最急性型 多见于哺乳羔羊,突然发病,出现寒战,虚弱,呼吸困难等症状,于数分钟至数小时内死亡。

(2)急性型 精神沉郁,体温升高到41℃~42℃,咳嗽,鼻孔常有出血,有时混于粘性分泌物中。初期便秘,后期腹泻,有时粪便全部变为血水。病羊常在严重腹泻后虚脱而死,病期2~5天。

(3)慢性型 病程可达3周,病羊消瘦,不思饮食,流粘脓性鼻液,咳嗽,呼吸困难。有时颈部和胸下部发生水肿。有角膜炎,腹泻;临死前极度衰弱,体温下降。

病理变化 剖检一般在皮下有液体浸润和小点状出血,胸腔内有黄色渗出物,肺有淤血、小点状出血和肝变,偶见有黄豆大至胡桃大的化脓灶,胃肠道出血性炎症,其他脏器呈水肿和淤血,间有小点状出血,但脾脏不肿大。病期较长者尸体消瘦,皮下胶样浸润,常见纤维素性胸膜肺炎,肝有坏死灶。

实验室诊断 采取病死羊的肺、肝、脾及胸腔液,制成涂片,用碱性美蓝染液或瑞氏染液染色后镜检。从病料中看到两端明显着色的卵圆形小杆菌,结合临床症状和病理变化,即可做出诊断。分离培养可同时接种于麦康凯琼脂和血琼脂平板,于37℃培养24小时后,在麦康凯琼脂上不生长,而在血琼脂上长成淡灰白色、圆形、湿润、不溶血的露珠样菌落,染色镜检革兰氏阴性,可进一步进行生化鉴定。动物接种试验可采集病料制成1:10乳剂皮下或腹腔接种小鼠,一般于接种后24~72小时死亡,死后及时剖检,并做镜检和培养,以期确诊。

【防治措施】

发现病羊和可疑病羊立即隔离治疗。庆大霉素、四环素以及磺胺类药物都有良好的治疗效果。庆大霉素，按每千克体重1 000～1 500单位，四环素每千克体重5～10毫克，20%磺胺嘧啶钠5～10毫升，均肌内注射，每天2次。或使用复方新诺明或复方磺胺嘧啶，口服，每次每千克体重25～30毫克，1天2次。直到体温下降，食欲恢复为止。

预防本病平时应注意饲养管理，避免羊只受寒。发生本病后，羊舍用5%漂白粉或10%石灰乳彻底消毒；必要时用高免血清或菌苗做紧急免疫接种。

肉毒梭菌中毒症

肉毒梭菌中毒症是由于食入肉毒梭菌毒素而引起的急性致死性疾病。其特征为运动神经麻痹和延脑麻痹。

【病　原】

肉毒梭菌在分类上属梭菌属，是梭菌属中最大的杆菌之一，能形成卵圆形的芽胞，比菌体宽，位于菌体的次端。革兰氏阳性，但在陈旧培养物中，有的菌株趋向于阴性。肉毒梭菌的芽胞广泛分布于自然界，在动物尸体、肉类、饲料、罐头食品中发育繁殖时产生毒素。这种毒素毒力极强，并且在消化道内不被破坏。液体中的毒素100℃，15～20分钟被破坏，在固体食物中须2小时。肉毒毒素为一种蛋白质，通常以毒素分子和一种红细胞凝集素载体所构成的复合物形式存在。

【诊断要点】

通过调查发病原因和发病经过，结合临床症状和病理变化，可做出初步诊断。确诊必须检查饲料和尸体内有无毒素存在。

流行特点 肉毒梭菌的芽胞广泛分布于自然界，土壤为其自然居留地，在腐败尸体和腐烂饲料中含有大量的肉毒梭菌毒素，所以该病在各个地区都可发生。各种畜、禽都有易感性，主要由于食入霉烂饲料、腐败尸体和已有毒素污染的饲料、饮水而发病。

临床症状 患病初期呈现兴奋症状，共济失调，步态僵硬，行走时头弯于一侧或做点头运动，尾向一侧摆动。流涎，有浆液性鼻涕。呈腹式呼吸，终因呼吸麻痹而死。

病理变化 病尸剖检一般无特异变化，有时在胃内发现骨片、木石等物，说明生前有异嗜癖。咽喉和会厌有灰黄色被覆物，其下面有出血点，胃肠粘膜可能有卡他性炎症和小点状出血，心内外膜也可能有小点状出血，脑膜可能充血，肺可能发生充血和水肿。

实验室诊断 取可疑饲料或病羊的胃肠内容物，加2倍以上无菌生理盐水，充分研磨，制成混悬液，置于室温下1～2小时，离心取上清液，或者过滤取过滤液，分为2份，1份加热100℃，30分钟，供对照用。1份不加热，供毒素试验用。用鸡做试验动物，吸取上述两种液体，各注射于鸡一侧眼睑皮下，注射量均为0.1～0.2毫升。注射后0.5～2小时，如注射未加热滤液一侧眼睑发生麻痹，逐渐闭合，而对照一侧眼睑仍正常，试验鸡于10小时后死亡，则证明被检物含有毒素。

【防治措施】

特异性治疗可用肉毒梭菌毒素多价抗血清，但须早期使用，同时使用泻剂和进行灌肠，以帮助排出肠内的毒素。遇有体温升高者，注射抗生素或磺胺类药物以防发生肺炎。

预防本病，平时应注意环境卫生，在牧场、畜舍中如发现动物尸体和残骸应及时清除，特别注意不用腐败饲料喂羊。平时在饲料中配入适量的食盐、钙和磷等，以防止动物发生异嗜癖，舔食尸体和残骸等。发现该病时，应查明毒素来源，予以清除。

羊布氏杆菌病

布氏杆菌病是由布氏杆菌引起的人畜共患慢性传染病。主要侵害生殖系统。羊感染后，以母羊发生流产和公羊发生睾丸炎为特征。本病分布很广，不仅感染各种家畜，而且易传染给人。

【病　原】

布氏杆菌是革兰氏阴性需氧杆菌。分类上为布氏杆菌属。本属细菌为非抗酸性，无芽胞，无荚膜，无鞭毛，呈球杆状。组织涂片或渗出液中常集结成团，且可见于细胞内，培养物中多单个排列。布氏杆菌属有 6 个种，即牛种、羊种、猪种、绵羊种、犬种和沙林鼠种，前 5 种感染家畜。布氏杆菌在土壤、水中和皮毛上能存活几个月，一般消毒药能很快将其杀死。

【诊断要点】

由于发生流产的病因很多，而该病的流行特点、临床症状和病理变化均无明显的特征，同时隐性感染较多。因此，确诊要依靠实验室诊断。

流行特点　母羊较公羊易感性高，性成熟后对本病极为易感。消化道是主要感染途径，也可经配种感染。羊群一旦感染此病，主要表现是怀孕母羊流产，开始仅为少数，以后逐渐增多，严重时可达半数以上，多数病羊流产 1 次。

临床症状　多数病例为隐性感染。怀孕母羊发生流产是本病的主要症状，但不是必有的症状。流产多发生在怀孕后的3～4个月。有时患病羊发生关节炎和滑液囊炎而致跛行，公羊发生睾丸炎，少部分病羊发生角膜炎和支气管炎。

病理变化 剖检常见的病变是胎衣部分或全部呈黄色胶样浸润，其中有部分覆有纤维蛋白和脓液，胎衣增厚并有出血点。流产胎儿主要为败血症病变，浆膜与粘膜有出血点与出血斑，皮下和肌肉间发生浆液性浸润，脾脏和淋巴结肿大，肝脏出现坏死灶。公羊得病时，可发生化脓性坏死性睾丸炎和附睾炎，睾丸肿大，后期睾丸萎缩。

实验室诊断 主要根据病原学检查、血清学检查和变态反应检查情况做出诊断。

(1)病原学检查 抹片检查取胎盘绒毛叶组织、流产胎儿胃液或阴道分泌物做抹片，用改良的齐尔-尼尔森石炭酸复红原液（碱性复红1克，溶于10毫升纯乙醇中，加入90毫升5%石炭酸水溶液，混匀即成）的1∶10稀释液染色10分钟，用0.5%醋酸溶液脱色20秒钟，冲洗后，用1%美蓝复染20秒钟，镜检。布氏杆菌染成红色，背景为蓝色。布氏杆菌大部分在细胞内，集结成团，少数在细胞外。衣原体和胎儿弧菌也引起流产，在抹片中也染成红色，但形态与布氏杆菌不同，可资区别。

分离培养鉴定是诊断布氏杆菌病最可靠的方法，只要从病羊体内或排出物中发现病原体即可确诊。但由于患病动物身体状态、感染时期和发病过程等原因，往往不易检查出病原菌。因此，在进行分离培养时，应选择适宜时机（如产后），采取适宜病料（如胎儿和产后排出物及病羊的网状内皮细胞等），用适宜培养基分离培养才能成功。一般是将被检材料接种于两个同样的选择性培养基（每100毫升基础培养基，如血清葡萄糖琼脂、血清马铃薯浸液琼脂、胰酶消化蛋白胨琼脂、血清马丁琼脂中加入抑菌药物：放线菌酮10毫克，杆菌肽25单位，多粘菌素B 6单位)平板，一个置10%二氧化碳环境37℃培养，一个置普通温箱37℃培养，逐日观察，通常在3～10天可出现菌落生长，然后移植于血清葡萄糖琼脂纯化。如符合下述全部条件，可认为是布氏杆菌属的细菌：细小的革兰氏阴性球杆菌，无芽胞、荚膜和鞭毛，不运动，需氧，接触酶试验阳性。糖发酵、甲基红试验(MR)、维培试验(VP)、吲哚试验、柠檬酸盐利用试验等反应均为阴性，光滑型菌落能与布氏杆菌阳性血清凝集，粗糙型菌落能与布氏杆菌R血清凝集。

(2)血清学检查　常用的有试管凝集试验、平板凝集试验和补体结合试验。

①试管凝集试验　为法定检疫方法。我国规定，羊的血清凝集滴度(价)在1∶50以上为阳性，1∶25为可疑，可疑羊3～4周后采血重检，如仍为可疑，则判为阳性。试验术式如表3-1。

表3-1　羊布氏杆菌病血清凝集试验术式　(单位：毫升)

成分	待检血清稀释度				对照		
	1∶25	1∶50	1∶100	1∶200	抗原对照	阳性血清 1∶25	阴性血清 1∶25
0.5%石炭酸盐水	2.3	0.5	0.5	0.5	0.5	—	—
待检血清	0.2	0.5	0.5	0.5	—	0.5	0.5
抗原(1∶20)	0.5	0.5	0.5	0.5	0.5	0.5	0.5
	弃1.5			弃0.5			

各成分稀释后，充分摇匀，置37℃温箱4～10小时，再移

置室温 18～24 小时。按下述标准记录各管凝集程度。

卌:液体完全透明,菌体完全凝集呈伞状沉于管底,振摇时沉淀物呈片状和絮状;

卅:液体略呈浑浊,菌体大部分沉降于管底,呈伞状,为75%凝集;

廾:液体不甚透明,有明显的颗粒状凝集,为 50%凝集;

十:液体不透明,有少量颗粒状沉淀,为 25%凝集;

一:液体不透明,管底无颗粒状沉淀,不凝集。

结果判定以出现"廾"以上凝集的血清最高稀释度为该血清的凝集价。对照管不符合要求时,试验废弃重做。

②平板凝集试验　取一清洁玻璃板,用蜡笔划一排小方格,从左到右第一格到第四格依次加入被检血清 0.08,0.04,0.02,0.01 毫升,接着每格加入平板抗原 0.03 毫升于血清附近,用一牙签或火柴棒,按从血清量少到血清量多的顺序,将各格中的血清和抗原混匀。同时轻轻转动玻板,5 分钟内判读结果(判定标准同试管凝集试验)。血清量 0.08,0.04,0.02,0.01 毫升的各格,相当于试管法中的血清稀释度 1∶25,1∶50,1∶100,1∶200。同时设阳性对照、阴性对照和空白对照。

③补体结合试验　也是一种比较特异的反应(简称补反)。慢性布氏杆菌病,往往凝集反应检测是阴性,而补反是阳性,和试管凝集反应一样,是法定的布氏杆菌病检疫方法之一。其操作复杂,此处从略。

(3)变态反应检查　将布氏杆菌水解素 0.2 毫升注射于羊尾根皱襞部皮内,24 小时及 48 小时各观察反应 1 次,若注射部位发生红肿,即判为阳性。此法对慢性病例检出率高,且不妨碍血清学检查。

【防治措施】

本病无治疗价值，一般不予治疗。发病后的防治措施是：用试管凝集或平板凝集反应进行羊群检疫，发现呈阳性和可疑反应的羊均应及时隔离，以淘汰屠宰为宜。严禁与假定健康羊接触。必须对污染的用具和场所进行彻底清毒，流产胎儿、胎衣、羊水和产道分泌物应深埋。凝集反应阴性羊用布氏杆菌猪型 2 号弱毒菌苗或羊型 5 号弱毒菌苗进行免疫接种。

羊沙门氏菌病

羊沙门氏菌病包括绵羊流产和羔羊副伤寒两个病。发病羔羊以急性败血症和腹泻为主。

【病　原】

绵羊流产的病原主要是羊流产沙门氏菌；羔羊副伤寒的病原以都柏林沙门氏菌和鼠伤寒沙门氏菌为主。沙门氏菌是肠杆菌科的一个属，是一群革兰氏阴性、较小的杆菌，一般无荚膜。除雏沙门氏菌、鸡伤寒沙门氏菌外，都具有周鞭毛，能运动，多数有菌毛。沙门氏杆菌对外界的抵抗力较强，在水、土壤和粪便中能存活几个月，但不耐热。一般消毒药均能迅速将其杀死。本菌有 O 抗原（菌体抗原）、H 抗原（鞭毛抗原）、Vi 抗原（一种表面抗原，又称毒力抗原）3 种抗原，可用于菌型鉴定。实验动物中，小鼠对沙门氏菌最易感，可用注射或口服方法使之感染。

【诊断要点】

流行特点　沙门氏菌病可发生于不同年龄的羊，无季节性，以消化道感染为主，交配和其他途径也能感染；各种不良因素均可促进该病的发生。

临床症状和病理变化 潜伏期长短不一，依动物的年龄、应激因素和侵入途径等而不同。

(1)羔羊副伤寒(腹泻型) 多见于15～30日龄的羔羊，体温升高达40℃～41℃，食欲减退，腹泻，排粘液性带血稀粪，有恶臭；精神委顿，虚弱，低头，弓背，继而倒地，经1～5天死亡。发病率约为30%，病死率约为25%。剖检可见病羔尸体消瘦，皱胃与小肠粘膜充血，肠道内容物稀薄如水，肠系膜淋巴结水肿，脾脏充血，肾脏皮质部与心外膜有出血点。

(2)绵羊流产 多见于妊娠的最后两个月，病羊体温升至40℃～41℃，厌食，精神抑郁，部分病羊有腹泻症状。病羊产下的活羔，表现衰弱、委顿、卧地，并可能有腹泻，往往于1～7天死亡。病母羊也可在流产后或无流产的情况下死亡。羊群暴发1次，一般持续10～15天。剖检流产、死产胎儿或生后1周内死亡的羔羊，表现败血症病变。组织水肿、充血。肝、脾肿胀，有灰色病灶。胎盘水肿、出血。

实验室诊断 确诊要进行细菌分离鉴定。取腹泻死亡羊的肠系膜淋巴结、脾、心血和粪便或病母羊的粪便、阴道分泌物、血液及胎儿组织，接种到选择性培养基如SS琼脂，或鉴别培养基如麦康凯琼脂、伊红美蓝琼脂等，37℃下培养24小时，挑取可疑菌落接种三糖铁琼脂培养基(斜面划线后底部穿刺接种)，如果被检菌株三糖铁琼脂上红(斜面)下黄(底部)有黑色，且可能有产气，可进一步做生化鉴定和抗原测定。

生化鉴定，常见的沙门氏菌应是：M. R. 试验阳性，V-P试验阴性，能够利用柠檬酸盐，不产生吲哚和尿素酶，发酵葡萄糖产酸产气，发酵甘露醇和麦芽糖产酸。

抗原测定时，先采用沙门氏菌的A～F多价血清与被检菌(三糖铁或营养琼脂斜面上的菌苔)进行玻板凝集试验，同时以生理盐水代替血清做对照(注意 Vi 抗原的影响)。若凝集且生化反应较典型,可进一步用 O 因子血清、Vi 因子血清和 H 因子血清做血清分型鉴定。

检查沙门氏菌还可利用荧光抗体。将可疑沙门氏菌的被检样品或经过增菌的培养物制作成涂片,以沙门氏菌多价荧光抗体染色,用荧光显微镜检查,可快速得出初步结果。

【防治措施】

病羊可隔离治疗或淘汰处理。对该病有治疗作用的药物很多,但必须配合护理及对症治疗。首选药为土霉素和新霉素,羔羊按每天每千克体重 30～50 毫克,分 3 次口服;成年羊按每次每千克体重 10～30 毫克,肌内或静脉注射,1 天 2 次。也可试用促菌生、调痢生、乳康生等微生态制剂,按说明拌料或口服。使用时不可与抗菌药物同用。

预防的主要措施是加强饲养管理。羔羊在出生后应及早吃初乳,并注意保暖;发现病羊应及时隔离并立即治疗;被污染的圈栏要彻底消毒,发病羊群进行药物预防。

羊弯杆菌病

弯杆菌病原名弧菌病,是由弯杆菌属的细菌引起的多种动物罹患的传染病。羊弯杆菌病在临床上主要表现为暂时性不育、流产等症状。

【病　原】

引起动物和人类疾病的弯杆菌主要是胎儿弯杆菌和空肠弯杆菌。胎儿弯杆菌又分为两个亚种:胎儿弯杆菌胎儿亚种和胎儿弯杆菌性病亚种。两种弯杆菌分类上均属于弯杆菌属,为革兰氏阴性的细长弯曲杆菌,菌体呈"S"形、撇形或鸥形，在老龄培养物中可呈球形或螺旋状长丝（由多个S形菌体形成的链）。本菌运动活泼，为微需氧菌，在10％二氧化碳环境中生长良好，鲜血或血清培养基有利于初代培养。

【诊断要点】

流行特点 胎儿弯杆菌对人和动物均有感染性，绵羊感染可引起流产，病菌主要存在于流产胎儿胃内容物中。空肠弯杆菌可引起人和动物的腹泻，也可引起绵羊的流产，病菌主要存在于流产绵羊的胎盘、胎儿胃内容物以及血液和粪便中。正常动物的肠道中也有空肠弯杆菌存在。患病羊只和带菌动物是传染源，主要经消化道感染。绵羊流产常呈地方性流行，在一个地区或一个羊场流行1～2年或更长一些时间后，可停息1～2年，然后又重新发生流行。

临床症状 母羊多于妊娠后期（怀孕后的第四至第五个月）发生流产，娩出死胎、死羔或弱羔。流产母羊一般只有轻度先兆——流出少量阴道分泌物，易被忽视。流产后阴道排出粘液性或脓性分泌物，大多数流产母羊很快痊愈，少数母羊由于死胎滞留而发生子宫炎、腹膜炎或子宫脓毒症，最后死亡。病死率不高，约5％。

病理变化 流产胎儿皮下水肿，肝脏有坏死灶。病死羊可见子宫炎、腹膜炎和子宫积脓。

实验室诊断

（1）病原学检查

①病料采集 一般采集新鲜胎衣子叶、流产胎儿胃内容物等作为检验病料。

②染色镜检 病料制成涂片，革兰氏染色镜检，可见呈"S"形、撇形或鸥形的革兰氏阴性弯曲杆菌，可初步诊断。

③分离培养 病料接种于加有抗生素的鲜血琼脂平板

(每毫升含杆菌肽2单位,新生霉素2微克,制霉菌素300单位),置于5%氧、10%二氧化碳和85%氮气培养环境(也可用烛缸法),37℃培养,纯分离物进行病原学鉴定以资确诊。

(2)血清学试验　用于弯杆菌病诊断的血清学试验有凝集试验、间接血凝试验、补体结合试验、免疫荧光抗体技术、酶联免疫吸附试验等。目前主要用于牛弯杆菌病的诊断,对羊弯杆菌病的诊断意义不大。

类症鉴别　本病应与羊布氏杆菌病、羊衣原体病及羊沙门氏菌病等类似疾病进行区别,主要通过实验室诊断鉴别。

【防治措施】

第一,严格执行兽医卫生防疫措施。产羔季节流产母羊严格隔离并进行治疗。流产胎儿、胎衣以及污染物要彻底销毁;粪便、垫草等要及时清除并进行无害化处理;流产地点及时消毒除害。染疫羊群中的羊不得出售,以免扩大传染。

第二,本病流行区可用当地分离的菌株制备弯杆菌多价灭活菌苗,对绵羊进行免疫接种,可有效预防流产。

第三,发病羊用四环素口服治疗。四环素按每千克体重日服20～50毫克,分2～3次服完。可连用2～3天,早期治疗能减少流产损失。

羊链球菌病

羊链球菌病俗称嗓喉病,藏语称吾娃,是由兽疫链球菌引起的一种急性、热性、败血性传染病。本病以颌下淋巴结和咽喉部肿胀、大叶性肺炎、呼吸异常困难、各脏器出血、胆囊肿大为特征。

【病　原】

兽疫链球菌属于链球菌属，按兰氏分类法属于C群链球菌。本菌具有荚膜，革兰氏染色阳性，在血液、脏器等病料中多呈双球状排列，也可单个菌体存在，偶见3～5个菌体相连的短链。本菌需氧或兼性厌氧，无运动性，不形成芽胞。病菌通常存在于病羊的各个脏器以及各种分泌物、排泄物中，而以鼻液、气管分泌物和肺脏含量为高。病原体对外环境抵抗力较强，死羊胸水内的细菌在室温下可存活100天以上。常用的消毒药有2%石炭酸、2%来苏儿以及0.5%漂白粉。

【诊断要点】

流行特点　本病主要发生于绵羊，绵羊易感性高，山羊次之；实验动物以家兔最为敏感，小鼠和鸽也具有易感性。病羊和带菌羊是本病的主要传染源，通常经呼吸道排出病原体。自然感染主要通过呼吸道途径，也可通过损伤的皮肤、粘膜以及羊虱、蝇等吸血昆虫叮咬传播。病死羊的肉、骨、皮、毛等可散播病原，在本病传播中具有重要作用。新发病区常呈流行性发生，老疫区则呈地方性流行或散发。本病一般于冬、春季节气候寒冷、草质不良时多发。

临床症状　人工感染的潜伏期为3～10天。病羊体温升高至41℃，呼吸困难，精神不振，食欲低下，反刍停止。眼结膜充血，流泪，常见流出脓性分泌物；口流涎水，并混有泡沫；鼻孔流出浆液性、脓性分泌物。咽喉肿胀，颌下淋巴结肿大，部分病例舌体肿大。粪便松软，带有粘液或血液。有些病例可见眼睑、口唇、面颊以及乳房部位肿胀。妊娠羊可发生流产。病羊死前常有磨牙、呻吟和抽搐现象。病程一般2～5天。

病理变化　病理变化主要以败血性变化为主。尸僵不显著或者不明显。淋巴结出血、肿大。鼻、咽喉、气管粘膜出血。肺脏水肿、气肿，肺实质出血、肝变，呈大叶性肺炎，有时可见有坏死灶；肺脏常与胸壁粘连。肝脏肿大，表面有少量出血点；胆囊肿大 2～4 倍，胆汁外渗。肾脏质地变脆、变软，肿胀、梗死，被膜不易剥离。各脏器浆膜面常覆有粘稠、丝状的纤维素样物质。

实验室诊断 主要进行病原学检查：

(1)病料采集 通常取血液、脓汁、胸水、腹水、淋巴结、肝脏、脾脏等病变脏器作为病料。

(2)染色镜检 病料中本菌呈球形，革兰氏染色阳性，可见荚膜，常单个或成对存在，偶见 3～5 个菌体相连的短链。

(3)分离培养 本菌在普通培养基上生长不良，常选用血清肉汤、鲜血琼脂进行分离培养。本菌的菌落呈β溶血。纯分离物通过形态学观察、生化试验进行鉴定。

(4)动物接种试验 无菌采集的病料或纯分离物接种于 0.2%葡萄糖肉汤中，于 37℃培养 18 小时，静脉接种小鼠 0.3 毫升，小鼠应于 3～4 天死亡；另一组 2 只小鼠腹腔注射 0.2 毫升，经 2～3 天再补注 0.5 毫升和 1 毫升，于第九天扑杀，剖检均见肝脏有针尖大小的黄色坏死灶。取心血、肝、脾、肾接种于血液琼脂平板，可分离出本菌。也可用家兔进行接种试验。

类症鉴别 羊链球菌病应与炭疽、巴氏杆菌病以及羊快疫类疾病进行区别。

(1)与羊炭疽 炭疽患羊无咽喉炎、肺炎症状，唇、舌、面颊、眼睑及乳房等部位无肿胀，眼、鼻不流浆性、脓性分泌物；各脏器特别是肺浆膜面无丝状粘稠的纤维素样物质。此外，羊链球菌病的病原为链球菌，羊炭疽的病原则为炭疽杆菌，病原形态有差别；炭疽沉淀试验，羊链球菌病应为阴性，而炭疽则为阳性。

(2)与羊快疫类疾病　羊快疫类疾病患羊无高热以及全身广泛出血变化。羊快疫类疾病由病原梭菌引起，羊链球菌病的病原为链球菌，病料染色镜检病原大小、形态有区别。

(3)与羊巴氏杆菌病　羊链球菌病与巴氏杆菌病在临床症状和病理变化上很相似，常通过细菌学检验做出鉴别诊断。羊巴氏杆菌病由多杀性巴氏杆菌引起，巴氏杆菌为革兰氏阴性、具有两极染色特性的细小杆菌；兽疫链球菌为革兰氏阳性的球菌。

【防治措施】

第一，未发病地区勿从疫区引入种羊、购进羊肉或皮毛产品，加强防疫检疫工作。

第二，常发病地区坚持免疫接种，每年发病季节到来之前，用羊链球菌氢氧化铝甲醛菌苗进行预防接种。大小羊只一律皮下注射3毫升，3月龄以下羔羊，2～3周后重复接种1次，免疫期可维持半年以上。

第三，加强饲养管理，抓膘、保膘，做好防寒保暖工作，消除各种促进疾病发生的因素。疫区要搞好隔离消毒工作，羊群在一定时间内勿进入发过病的“老圈”。

第四，早期可选用青霉素或磺胺类药物进行治疗。每次肌内注射青霉素80万～160万单位，每天2次，连用2～3天。口服磺胺嘧啶，每次5～6克(小羊减半)，用药1～3次；或口服复方新诺明，每次每千克体重25～30毫克，1天2次，连用3天。

羊快疫

羊快疫是由腐败梭菌经消化道感染引起的主要发生于绵羊的一种急性传染病。本病以突然发病，病程短促，皱胃出血性炎性损害为特征。

【病 原】

腐败梭菌是革兰氏阳性的厌气大杆菌，分类上属于梭菌属。本菌在体内外均能产生芽胞，不形成荚膜，可产生多种外毒素。病羊血液或脏器涂片，可见单个或2～5个菌体相连的粗大杆菌，有时呈无关节的长丝状，其中一些可能断为数段。这种无关节的长丝状形态，在肝被膜触片中更易发现，在诊断上具有重要意义。

【诊断要点】

流行特点 发病羊多为6～18月龄、营养较好的绵羊，山羊较少发病。主要经消化道感染。腐败梭菌通常以芽胞形式散布于自然界，特别是潮湿、低洼或沼泽地带。羊只采食污染的饲草或饮水，芽胞随之进入消化道，但并不一定引起发病。当存在诱发因素时，特别是秋、冬或早春季节气候骤变、阴雨连绵之际，羊寒冷饥饿或采食了冰冻带霜的草料时，机体抵抗力下降，腐败梭菌即大量繁殖，产生外毒素，使消化道粘膜发炎、坏死并引起中毒性休克，使患羊迅速死亡。本病以散发为主，发病率低而病死率高。

临床症状 患羊往往来不及表现临床症状即突然死亡，常见在放牧时死于牧场或早晨发现死于圈舍内。病程稍缓者，表现为不愿行走，运动失调，腹痛、腹泻，磨牙，抽搐，最后衰弱昏迷，口流带血泡沫，多于数分钟或几小时内死亡，病程极为短促。

病理变化 病死羊尸体迅速腐败膨胀。剖检见可视粘膜充血呈暗紫色。体腔多有积液。特征性表现为皱胃出血性炎症，胃底部及幽门部粘膜可见大小不等的出血斑点及坏死区，粘膜下发生水肿。肠道内充满气体，常有充血、出血、坏死或溃疡。心内、外膜可见点状出血。胆囊多肿胀。

实验室诊断 主要进行病原学检查：

(1)病料采集 迅速无菌采集病死羊脏器组织，同时做肝被膜触片或其他脏器涂片，用于病原学检查。

(2)染色镜检 病料涂片用瑞氏染色法或美蓝染色法染色镜检，除见到两端钝圆、单个或短链状的粗大菌体外，也可观察到无关节的长丝状菌体链，这种表现在肝被膜触片中尤为明显。革兰氏染色呈阳性反应。

(3)分离培养 病料采集后立即进行分离培养，须用厌氧培养法进行分离鉴定工作。病料中分离到腐败梭菌时，尚须结合临床发病情况、病理变化以及取材分离的时间进行综合分析、判断以确诊。

(4)动物接种试验 新鲜病料制成悬液，肌内注射豚鼠或小鼠，阳性反应实验动物多于24小时内死亡。立即采集病料进行分离培养，容易获得纯培养物，涂片镜检可发现腐败梭菌无关节长丝状的特征表现。

类症鉴别 羊快疫通常应与羊炭疽、羊肠毒血症和羊黑疫等类似疾病相鉴别。

(1)与羊炭疽 羊快疫与羊炭疽的临床症状和病理变化较为相似，可通过病原学检查区别腐败梭菌和炭疽杆菌。此外，也可采集病料做炭疽沉淀试验进行区别诊断。

(2)与羊肠毒血症 羊快疫与羊肠毒血症在临诊表现上

很相似，可通过以下几方面进行区别：①羊快疫多发于秋、冬和早春，多见于阴洼潮湿地区，诱因常为气候骤变，阴雨连绵，风雪交加，特别是在采食了冰冻带霜的草料时多发。羊肠毒血症在牧区多发于春、夏之交和秋季，农区则多发于夏、秋收割季节，羊采食过量谷类或青嫩多汁及富含蛋白质的草料时发生。②肠毒血症病羊常有血糖和尿糖升高现象，羊快疫则无。③羊快疫有显著的皱胃出血性炎症，肠毒血症则多见肾脏软化。④羊快疫病例肝被膜触片可见无关节长丝状的腐败梭菌；肠毒血症病例肾脏等实质器官可检出D型魏氏梭菌。

(3)与羊黑疫　羊黑疫的发生常与肝片形吸虫病的流行有关。羊黑疫病例皱胃损害轻微，肝脏多见坏死灶。病原学检查，羊黑疫病例可检出诺维氏梭菌；羊快疫病例则可检出腐败梭菌，且可观察到腐败梭菌呈无关节长丝状的特征。

【防治措施】

第一，常发病地区，每年定期接种羊快疫、肠毒血症、猝殂三联苗或羊快疫、肠毒血症、猝殂、羔羊痢疾、黑疫五联苗，羊不论大小，一律皮下或肌内注射5毫升，注苗后2周产生免疫力，保护期达半年。

第二，加强饲养管理，防止严寒袭击。有霜期早晨出牧不要过早，避免采食霜冻饲草。

第三，发病时及时隔离病羊，并将羊群转移至高燥牧地或草场，可收到减少或停止发病的效果。

第四，本病的病程短促，往往来不及治疗。病程稍拖长者，可肌注青霉素，每次80万～100万单位，1天2次，连用2～3天；口服磺胺嘧啶，1次5～6克，连服3～4次；也可口服10%～20%石灰乳500～1 000毫升，连服1～2次。必要时可将10%安钠咖10毫升加于500～1 000毫升5%～10%葡萄糖溶液中，静脉滴注。

羊肠毒血症

羊肠毒血症又称软肾病或类快疫，是由D型魏氏梭菌在羊肠道内大量繁殖产生毒素引起的主要发生于绵羊的一种急性毒血症。本病以急性死亡、死后肾组织易于软化为特征。

【病　原】

魏氏梭菌又称D型产气荚膜杆菌，分类上属于梭菌属。本菌为厌气性粗大杆菌，革兰氏染色阳性，在动物体内可形成荚膜，芽胞位于菌体中央。本菌可产生α，β，ε，ι等多种外毒素，依据毒素-抗毒素中和试验可将魏氏梭菌分为A，B，C，D，E五个毒素型。羊肠毒血症由D型魏氏梭菌所引起。

【诊断要点】

流行特点　发病以绵羊为多，山羊较少，通常以2～12月龄、膘情较好的羊只为主。魏氏梭菌为土壤常在菌，也存在于污水中，通常羊只采食被芽胞污染的饲草或饮水，芽胞随之进入消化道，一般情况下并不引起发病。当饲料突然改变，特别是从吃干草改为采食大量谷类或青嫩多汁和富含蛋白质的草料之后，导致羊只抵抗力下降和消化功能紊乱，D型魏氏梭菌在肠道迅速繁殖，产生大量ε原毒素，经胰蛋白酶激活变为ε毒素，毒素进入血液，引起全身毒血症，发生休克而死。本病的发生常表现一定的季节性，牧区以春、夏之交抢青时和秋季牧草结籽后的一段时间发病为多，农区则多见于收割抢茬季节或采食大量富含蛋白质饲料时。一般呈散发。

临床症状　本病发生突然，病羊呈腹痛、肚胀症状。患羊常离群呆立、卧地不起或独自奔跑。濒死期发生肠鸣或腹泻，排出黄褐色水样稀粪。病羊全身颤抖、磨牙，头颈后仰，口、鼻流沫，于昏迷中死去。体温一般不高，血、尿常规检查有血糖、尿糖升高现象。

病理变化 病变主要限于消化道、呼吸道和心血管系统。皱胃内有未消化的饲料；肠道特别是小肠充血、出血，严重者整个肠段肠壁呈血红色或有溃疡。肺脏出血、水肿。肾脏软化如泥样，一般认为是一种死后的变化。体腔积液。心脏扩张，心内、外膜有出血点。

实验室诊断

(1)病原学检查

①病料采集 采集小肠内容物、肾脏及淋巴结等作为病料。

②染色镜检 病料染色检查，可于肠道发现大量的有荚膜的革兰氏阳性大杆菌，同时于肾脏等脏器也可检出魏氏梭菌。

③分离培养 本菌虽为专性厌氧菌，但厌氧条件不苛刻，较易培养。常用厌气肉肝汤和鲜血琼脂分离培养。纯分离物进行生化试验以资鉴定。

(2)毒素检查 利用小肠内容物滤液接种小鼠或豚鼠进行毒素检查和中和试验，以确定毒素的存在和菌型。

类症鉴别 本病应与炭疽、巴氏杆菌病和羊快疫等相鉴别。

(1)与羊炭疽 炭疽可致各种年龄的羊只发病，临床检查有明显的体温反应，死后尸僵不全，可视粘膜发绀，天然孔流血，血液凝固不良。细菌学检查可发现具有荚膜的炭疽杆菌，此外，炭疽环状沉淀试验也可用于鉴别诊断。

(2)与巴氏杆菌病 巴氏杆菌病的病程多在1天以上，临床表现有体温升高，皮下组织出血性胶样浸润，后期则呈现肺炎症状。病料涂片镜检可见革兰氏阴性、两极染色的巴氏杆菌。

(3)与羊快疫　参见羊快疫。

【防治措施】

第一，常发病地区，每年定期接种羊快疫、肠毒血症、猝殂三联苗或羊快疫、肠毒血症、猝殂、羔羊痢疾、黑疫五联苗，羊只不论大小，一律皮下或肌内注射5毫升，注苗后2周产生免疫力，保护期达半年。

第二，加强饲养管理，农区、牧区春、夏之际少抢青、抢茬，秋季避免采食过量结籽牧草。发病时及时转移至高燥牧地草场。

第三，本病的病程短促，往往来不及治疗。羊群出现病例多时，对未发病羊可口服10%～20%石灰乳500～1 000毫升进行预防。

羊猝殂

羊猝殂是由C型魏氏梭菌引起的一种毒血症，临床上以急性死亡、腹膜炎和溃疡性肠炎为特征。

【病　原】

魏氏梭菌又称为产气荚膜杆菌，分类上属于梭菌属。本菌革兰氏染色阳性，在动物体内可形成荚膜，芽胞位于菌体中央。本菌可产生α，β，ε，ι等多种外毒素，依据毒素-抗毒素中和试验可将魏氏梭菌分为A，B，C，D，E五个毒素型。羊猝殂由C型魏氏梭菌所引起。

【诊断要点】

流行特点　本病发生于成年绵羊，以1～2岁的绵羊发病较多，常流行于低洼、潮湿地区和冬、春季节，主要经消化道感染，呈地方性流行。

临床症状 C型魏氏梭菌随污染的饲料或饮水进入消化道，在小肠特别是十二指肠和空肠内繁殖，主要产生β毒素，引起羊只发病。病程短促，多未见到症状即突然死亡。有时发现病羊掉群、卧地，表现不安，衰弱或痉挛，于数小时内死亡。

病理变化 剖检可见十二指肠和空肠粘膜严重充血糜烂，个别区段可见大小不等的溃疡灶。体腔多有积液，暴露于空气中易形成纤维素絮块。浆膜上有小点出血。死后8小时，骨骼肌肌间积聚有血样液体，肌肉出血，有气性裂孔。这种变化与黑腿病的病变十分相似。

实验室诊断 采集体腔渗出液、脾脏等病料进行细菌学检查；取小肠内容物进行毒素检验以确定菌型（参见羊肠毒血症）。

类症鉴别 本病应与羊快疫类其他疾病、炭疽、巴氏杆菌病等类似疾病相鉴别。主要通过病原学的检查和毒素检验进行区别（参见羊肠毒血症等）。

【防治措施】

羊猝殂的防治措施可参照羊快疫、羊肠毒血症的措施进行。

羔羊梭菌性痢疾

羔羊梭菌性痢疾简称羔羊痢疾，是初生羔羊的一种毒血症。以剧烈腹泻和小肠发生溃疡为特征。

【病　原】

羔羊痢疾由B型魏氏梭菌所引起。

【诊断要点】

流行特点 本病主要发生于7日龄以内的羔羊，尤以2～5日龄羔羊发病为多。羔羊生后数日，B型魏氏梭菌可通过吮乳、羊粪或饲养人员手指进入消化道，也可通过脐带或创伤感染。在不良因素的作用下，病菌在小肠大量繁殖，产生毒素（主要为β毒素），引起发病。羔羊痢疾的促发因素主要有：母羊怀孕期营养不良，羔羊体质瘦弱；气候骤变，寒冷袭击，特别是大风雪后，羔羊受冻；哺乳不当，饥饱不均。本病可使羔羊发生大批死亡，特别是草质差的年份或气候寒冷多变的月份，发病率和病死率均高。

临床症状 潜伏期1～2天。病初羔羊精神委顿，食欲低下；不久即腹泻，粪便恶臭，有的稠如面糊，有的稀薄如水，呈黄绿色、黄白色甚至灰白色，部分病羔后期粪便带血，成为血便。病羔虚弱，卧地不起，常于1～2天内死亡。个别病羔腹胀而不腹泻，或只排少量稀粪（也可能粪便带血或成血便），主要表现为神经症状，四肢瘫软，卧地不起，呼吸急促，口流白沫，最终昏迷。体温降至常温以下，多在数小时或十几小时内死亡。

病理变化 尸体严重脱水，尾部污染有稀粪。皱胃内有未消化的凝乳块；小肠尤其回肠粘膜充血发红，常可见直径1～2毫米的溃疡病灶，溃疡灶周围有一充血、出血带环绕；肠系膜淋巴结肿胀充血，间或出血；心包积液，心内膜可见有出血点；肺脏常有充血区或淤斑。

实验室诊断

（1）病原学检查

①病料采集 生前可采集粪便，死后常采集肝脏、脾脏以及小肠内容物等作为病料。

②染色镜检　病料染色检查，可于肠道内发现大量的有荚膜的革兰氏阳性大杆菌，同时于肝脏、脾脏等脏器也可检出魏氏梭菌。

③分离培养　本菌虽为专性厌氧菌，但厌氧条件不苛刻，较易培养。常用厌气肉肝汤和鲜血琼脂进行培养。纯分离物进行生化试验以便鉴定。

(2)毒素检查　利用小肠内容物滤液接种小鼠或豚鼠进行毒素检查和中和试验，以确定毒素的存在和菌型。

类症鉴别　羔羊梭菌性痢疾应与沙门氏菌病、大肠杆菌病等类似疾病相区别。

(1)与沙门氏菌病　由沙门氏菌引起的初生羔羊腹泻，粪便也可夹杂有血液，剖检可见皱胃和肠粘膜潮红并有出血点，从心血、肝脏、脾脏和脑可分离到沙门氏菌。

(2)与大肠杆菌病　由大肠杆菌引起的羔羊腹泻，用魏氏梭菌免疫血清预防无效，而用大肠杆菌免疫血清则有一定的预防作用。在羔羊濒死或刚死时采集病料进行细菌学检查，分离出纯培养的致病菌株具有诊断意义。

【防治措施】

第一，加强饲养管理，增强孕羊体质；产羔季节注意保暖，防止羔羊受冻；合理哺乳，避免饥饱不均；产前产后和接羔过程中都要注意清洁卫生。

第二，每年产前定期接种羊快疫、肠毒血症、猝殂、羔羊痢疾、黑疫五联苗(参见羊快疫)。也可接种羔羊痢疾灭活菌苗，妊娠母羊分娩前 20～30 天皮下注射 2 毫升，再于分娩前10～20 天第二次注苗 3 毫升，第二次接种后 10 天产生免疫力，经初乳可使羔羊获得被动免疫力。

第三，发病时，对病羔要做到及早发现，及早治疗，仔细护理。羔羊出生后 12 小时，可灌服土霉素 0.15～0.2 克，每天 1 次，连服 3 天，有一定预防效果。治疗羔羊梭菌性痢疾的方法很多，可结合当地实际，因地制宜，合理选用。口服土霉素 0.2～0.3 克或再加等量胃蛋白酶，水调灌服，1 天 2 次，连服 2～3 天；用磺胺脒 0.5 克、鞣酸蛋白 0.2 克、次硝酸铋 0.2 克、碳酸氢钠 0.2 克，水调灌服，1 天 3 次，连服 2～3 天。也可用微生态制剂（如促菌生、调痢生、乳康生等）按说明拌料或口服。同时进行对症施治，如强心补液、解痉镇静、调理胃肠功能、保持电解质平衡等。中草药也有一定疗效。

羊黑疫

羊黑疫又称传染性坏死性肝炎，是由 B 型诺维氏梭菌引起的绵羊、山羊的一种急性高度致死性毒血症。本病以肝实质发生坏死性病灶为特征。

【病　原】

诺维氏梭菌分类上属于梭菌属，为革兰氏阳性的大杆菌。本菌严格厌氧，可形成芽胞，不产生荚膜，具有周身鞭毛，能运动。根据本菌产生的外毒素，通常分为 A，B，C3 型。A 型菌主要产生 α，γ，ε，δ 等 4 种外毒素；B 型菌主要产生 α，β，η，ζ，θ 5 种外毒素；C 型菌不产生外毒素，一般认为无病原学意义。

【诊断要点】

流行特点　本菌能使 1 岁以上的绵羊发病，以 2～4 岁、营养好的绵羊多发，山羊也可罹患，牛偶可感染。实验动物以豚鼠最为敏感，家兔、小鼠易感性较低。诺维氏梭菌广泛存在于自然界特别是土壤之中，羊采食被芽胞污染的饲草后，芽胞由胃肠壁经目前尚未阐明的途径进入肝脏。当羊感染肝片形吸虫时，肝片形吸虫幼虫游走损害肝脏使其氧化-还原电位降低，存在于该处的诺维氏梭菌芽胞即获适宜的条件，迅速生长繁殖，产生毒素，进入血液循环，引起毒血症，导致急性休克而死亡。本病主要发生于低洼、潮湿地区，以春、夏季节多发，发病常与肝片吸虫的感染侵袭密切相关。

临床症状　本病临床表现与羊快疫、羊肠毒血症等疾病极为相似。病程短促，大多数发病羊只表现为突然死亡，临床症状不明显。部分病例可拖延1～2天，病羊放牧时掉群，食欲废绝，精神沉郁，反刍停止，呼吸急促，体温41.5℃，常昏睡俯卧而死。

病理变化　病羊尸体皮下静脉显著淤血，使羊皮呈暗黑色(黑疫之名由此而来)。皱胃幽门部、小肠粘膜充血、出血。肝脏表面和深层有数目不等的凝固性坏死灶，呈灰黑色不整圆形，周围有一鲜红色充血带围绕，坏死灶直径可达2～3厘米，切面呈半月形。羊黑疫肝脏的这种坏死变化具有重要诊断意义(这种病变与未成熟肝片形吸虫通过肝脏时所造成的病变不同，后者为黄绿色、弯曲似虫样的带状病痕)。体腔多有积液，心内膜常见有出血点。

实验室诊断

(1)病原学检查

①病料采集　采集肝脏坏死灶边缘与健康组织相邻接的肝组织作为病料，也可采集脾脏、心血等材料作为病料。用做分离培养的病料应于死后及时采集，立即接种。

②染色镜检　病料组织染色镜检，可见粗大而两端钝圆的诺维氏梭菌，排列多为单在或成双存在，也见3～4个菌体相连的短链。

③分离培养　诺维氏梭菌严格厌氧，分离较为困难。特

别是当病料污染时则更为不易。病料应于羊死后尽快采集，严格无菌操作，立即划线接种，在严格厌氧条件下分离培养。由于羊的肝脏、脾脏等组织在正常时可能有本菌芽胞存在，所以分离到病原菌后尚要结合流行病学分析、疾病发生和病理变化综合判断才能确诊。

④动物接种试验　病料悬液肌内注射豚鼠，豚鼠死后剖检可见接种部位有出血性水肿，腹部皮下组织呈胶样水肿，透明无色或呈玫瑰色，厚度有时可达 1 厘米，这种变化极为特征，具有诊断意义。

(2)毒素检查　一般用卵磷脂酶试验检查病料组织中 B 型诺维氏梭菌产生的毒素。

类症鉴别　羊黑疫应与羊快疫、羊肠毒血症、羊炭疽等类似疾病进行区别诊断(参见相关各病)。

【防治措施】

第一，流行本病的地区应做好防治肝片形吸虫感染的工作。

第二，常发病地区定期接种羊快疫、肠毒血症、猝殂、羔羊痢疾、黑疫五联苗，每只羊皮下或肌内注射 5 毫升，注苗后 2 周产生免疫力，保护期达半年。

第三，本病发生、流行时，将羊群移牧于高燥地区。可用抗诺维氏梭菌血清进行早期预防，每只羊皮下或肌内注射 10～15 毫升，必要时重复 1 次。

第四，病程稍缓的羊只，肌内注射青霉素 80 万～160 万单位，每天 2 次，连用 3 天；或者发病早期静脉或肌内注射抗诺维氏梭菌血清 50～80 毫升，必要时重复用药 1 次。

羊衣原体病

羊衣原体病是由鹦鹉热衣原体引起的绵羊、山羊的一种传染病。临床上以发热、流产、死产和产出弱羔为特征，在疾病流行期，也见部分羊只表现多发性关节炎、结膜炎等疾患。

【病　原】

鹦鹉热衣原体分类上属于衣原体属、衣原体科。衣原体只能在活的细胞内繁殖，增殖过程因不同的发育周期有始体和原体之分。始体为繁殖型，无传染性；原体具有传染性，感染主要由原体引起。衣原体呈球形或卵圆形，革兰氏染色阴性，生活周期各期形态不同，染色反应也异。经姬姆萨氏染色法染色，形态较小而具有传染性的原体被染成紫色，形态较大的繁殖性始体则被染成蓝色。受感染的细胞内可查见各种形态的包涵体，由原体组成，对疾病诊断有特异性。衣原体在一般培养基上不能繁殖，常在鸡胚和组织培养中增殖。实验动物以小鼠和豚鼠对其具有易感性。鹦鹉热衣原体抵抗力不强，对热敏感，感染鸡胚卵黄囊中的衣原体在－20℃可保存数年。0.1％甲醛溶液、0.5％石炭酸、70％酒精、3％氢氧化钠均能将其灭活。衣原体对青霉素、四环素、红霉素等抗生素敏感，而对链霉素有抵抗力。沙眼衣原体对磺胺类药物敏感，而鹦鹉热衣原体则有抵抗力。

【诊断要点】

流行特点　鹦鹉热衣原体可感染多种动物，多为隐性经过。家畜中以牛、羊较为易感，禽类感染后称为鹦鹉热或鸟疫。许多野生动物和禽类是本菌的自然贮主。患病动物和带菌动物为主要传染源，可通过粪便、尿液、乳汁、泪液、鼻分泌物以及流产的胎儿、胎衣、羊水排出病原体，污染水源、饲料及环境。本病主要经呼吸道、消化道及损伤的皮肤、粘膜感染；也可通过交配或用患病公畜的精液人工授精发生感染，子宫内感染也有可能；蜱、螨等吸血昆虫叮咬也可能传播本病。羊衣原体性流产多呈地方性流行。密集饲养、营养缺乏、长途运输或迁徙、寄生虫侵袭等应激因素可促进本病的发生、流行。

临床症状 鹦鹉热衣原体感染绵羊、山羊可有不同的临床症状，主要有下列几种病型：

(1)流产型 潜伏期50～90天。流产通常发生于妊娠的中后期，一般观察不到征兆，主要为流产、死产或娩出生命力不强的弱羔羊。流产后往往胎衣滞留，流产羊阴道排出分泌物可达数日。有些病羊可因继发感染细菌性子宫内膜炎而死亡。羊群首次发生流产，流产率可达20%～30%，以后则流产率下降。流产过的母羊，一般不再发生流产。在本病流行的羊群中，可见公羊罹患睾丸炎、附睾炎等疾病。

(2)关节炎型 鹦鹉热衣原体侵害羔羊，可引起多发性关节炎。感染羔羊于病初体温高达41℃～42℃。食欲减退，掉群，不适，肢关节(尤其腕关节、跗关节)肿胀、疼痛，一肢或四肢跛行。患病羔羊肌肉僵硬，或弓背而立，或长期卧地，体重减轻，生长发育受阻。有些羔羊同时发生结膜炎。发病率高，病程2～4周。

(3)结膜炎型 结膜炎主要发生于绵羊，特别是肥育羔和哺乳羔。病羔一眼或双眼均可患病，眼结膜充血、水肿，大量流泪。病后2～3天，角膜发生不同程度的浑浊，出现血管翳、糜烂、溃疡或穿孔。数天后，在瞬膜、眼结膜上形成直径1～10毫米的淋巴滤泡(滤泡性结膜炎)。某些病羊可伴发关节炎，发生跛行。发病率高，一般不引起死亡。病程6～10天，角膜溃疡者，病期可达数周。

部分病例可发生肺炎、肠炎等疾患。

病理变化

(1)流产型　流产母羊胎膜水肿、增厚，子叶呈黑红色或土黄色。流产胎儿水肿，皮肤、皮下组织、胸腺及淋巴结等处有点状出血，肝脏充血、肿胀，表面可能有针尖大小的灰白色病灶。组织病理学检查，胎儿肝、肺、肾、心肌和骨骼肌血管周围网状内皮细胞增生。

(2)关节炎型　关节囊扩张，发生纤维素性滑膜炎。关节囊内集聚有炎性渗出物，滑膜附有疏松的纤维素性絮片。患病数周的关节滑膜层由于绒毛样增生而变粗糙。

(3)结膜炎型　结膜充血、水肿。角膜发生水肿、糜烂和溃疡。瞬膜、眼结膜上可见大小不等的淋巴样滤泡，组织病理学检查可发现滤泡内淋巴细胞增生。

实验室诊断

(1)病原学检查

①病料采集　采集血液、脾脏、肺脏及气管分泌物、肠粘膜及内容物，流产胎儿及流产分泌物等作为病料。

②染色镜检　病料涂片或接种鸡胚卵黄液抹片，姬姆萨氏染色法染色镜检，可发现圆形或卵圆形的病原颗粒。

③分离培养　病料悬液0.2毫升接种于孵化5～7天的鸡胚卵黄囊内，感染鸡胚常于5～12天死亡，胚胎或卵黄囊表现充血、出血。取卵黄囊抹片镜检，可发现大量的原体。有些衣原体菌株则须盲传几代，方能检出原体。

④动物接种试验　将病料接种无特定病原的小鼠或豚鼠，经脑内、鼻腔或腹腔途径接种，均可进行衣原体的分离和繁殖。

(2)血清学试验　补体结合试验、血清中和试验可用于本病诊断。

类症鉴别　本病在临床上常与布氏杆菌病、弯杆菌病、沙门氏菌病等类似疾病进行区别诊断，须依据病原学检查和血清学试验。

【防治措施】

第一，加强饲养卫生管理，消除各种诱发因素，防止寄生虫侵袭，增强羊的体质。

第二，流行本病的地区，用羊流产衣原体灭活苗对母羊和种公羊进行免疫接种，可有效控制羊衣原体病的流行。

第三，发生本病时，流产母羊及其所产弱羔应及时隔离。流产胎盘、产出的死羔应予销毁。污染的羊舍、场地等环境用2%氢氧化钠溶液、2%来苏儿溶液等进行彻底消毒。

第四，治疗可肌注青霉素，每次 80 万～160 万单位，1 天 2 次，连用 3 天。也可将四环素族抗生素混于饲料中喂给，连用 1～2 周。结膜炎患羊可用土霉素软膏点眼治疗。

羊支原体性肺炎

羊支原体性肺炎又称羊传染性胸膜肺炎，是由支原体引起的羊的一种高度接触性传染病。本病以发热，咳嗽，浆液性和纤维蛋白性肺炎以及胸膜炎为特征。

【病　原】

引起山羊支原体性肺炎的病原体为丝状支原体山羊亚种，分类上属于支原体科、支原体属。丝状支原体为一细小、多形性微生物，革兰氏染色阴性，用姬姆萨氏法、卡斯坦奈达氏法或美蓝染色法着色良好。近年来，在我国甘肃等省、自治区，从具有类似山羊传染性胸膜肺炎临诊症状和病理变化的患病山羊中分离到一种与丝状支原体山羊亚种无交互免疫性的支原体，经鉴定为绵羊肺炎支原体。这种支原体的形态也具多形性，在培养基(琼脂浓度约为0.7%)上生长时，也呈一般支原体都具有的“煎蛋”状菌落，而且山羊、绵羊均可感染致病。丝状支原体山羊亚种对理化因素的抵抗力弱，对红霉素高度敏感，对四环素也有较强的抑菌作用，但对青霉素、链霉素不敏感；而绵羊肺炎支原体则对红霉素不敏感。

【诊断要点】

流行特点 自然条件下，丝状支原体山羊亚种只感染山羊，以3岁以下的山羊发病为多；而绵羊肺炎支原体则可感染山羊和绵羊。病羊为主要传染源，病肺组织以及胸腔渗出液中含有大量病原体，主要经呼吸道分泌物排菌。耐过羊在相当长的时期内也可成为传染源。本病常呈地方性流行，主要通过空气-飞沫传播，经呼吸道感染，接触传染性强。阴雨连绵，寒冷潮湿，营养缺乏，羊群密集、拥挤等不良因素易诱发本病。

临床症状 潜伏期平均18～20天。病初体温升高，精神沉郁，食欲减退，随即咳嗽，流浆液性鼻漏。4～5天后咳嗽加重，干咳而痛苦，浆液性鼻漏变为粘脓性，常粘附于鼻孔、上唇，呈铁锈色。病羊多在一侧出现胸膜肺炎变化，肺部叩诊有浊音区，听诊肺部有支气管呼吸音和摩擦音，触压胸壁，羊表现敏感、疼痛。病羊呼吸困难，高热稽留，眼睑肿胀，流泪或有粘液性-脓性分泌物，腰背弓起做痛苦状。怀孕母羊可发生流产，部分羊肚胀腹泻，有些病例口腔溃烂，唇部、乳房等部位皮肤发疹。病羊在濒死前体温降至常温以下，病期多为7～15天。

病理变化 病变多局限于胸部。胸腔常有淡黄色积液，暴露于空气中后纤维蛋白易于凝固。病理损害常多发生于一侧，常呈纤维素性肺炎，间或为两侧性肺炎；肺实质肝变，切面呈大理石样变化；肺小叶间质变宽，界限明显；血管内常有血栓形成。胸膜增厚而粗糙，常与肋膜、心包膜发生粘连。支气管淋巴结、纵隔淋巴结肿大，切面多汁并有出血点。心包积液，心肌松弛、变软。肝脏、脾脏肿大，胆囊肿胀。肾脏肿大，被膜下可见有小点出血。病程久者，肺肝变区机化，结缔组织增生，甚至有包囊化的坏死灶。

实验室诊断 主要进行病原学检查。

(1)病料采集 采集急性病例肺组织、胸腔渗出液等作为病料。

(2)染色镜检 由于菌体无细胞壁，故呈杆状、丝状、球状等多形态特性。病料制片检查，本菌呈革兰氏阴性，但因着色不佳，常用姬姆萨氏法、瑞氏法或美蓝染色法进行染色观察。

(3)分离培养 病料接种于血清琼脂培养基，37℃培养3～6天，长出细小、半透明、微黄褐色的菌落，中心突起呈"煎蛋"状，涂片染色镜检可见革兰氏阴性、极为细小的多形性菌体。也可用液体培养基进行分离培养。于培养基中加入特异性抗血清进行生长抑制实验以鉴定病原。

(4)动物接种试验 采集新鲜病料或用纯培养物胸腔或气管内接种山羊，经3～7天后，实验羊可出现与自然病例相同的症状和病变。也可通过肌肉和静脉途径接种动物。

类症鉴别 本病常与巴氏杆菌病进行区别。

在临床症状和病理变化上，羊支原体性肺炎和羊巴氏杆菌病很相似，但病料染色镜检，羊支原体性肺炎通常观察到较为细小的多形性菌体，而羊巴氏杆菌病则可检出两极着色的卵圆状杆菌;病料接种家兔和小鼠进行动物感染试验,羊支原体性肺炎的病料不引起发病,而巴氏杆菌病的病料则引起动物死亡。

【防治措施】

第一,坚持自繁自养,勿从疫区引进羊;加强饲养管理,增强羊的体质;对从外地引进的羊只,严格隔离,检疫无病后方可混群饲养。

第二,本病流行区坚持免疫接种。山羊传染性胸膜肺炎氢氧化铝灭活菌苗,半岁以下羊只皮下或肌内接种3毫升,半岁以上羊接种5毫升;如当地羊群疾病系由于羊肺炎支原体所引起,可使用新近研制成的绵羊肺炎支原体灭活菌苗。

第三,羊群发病,及时进行封锁、隔离和治疗。污染的场地、厩舍、饲管用具以及粪便、病死羊的尸体等进行彻底消毒或无害化处理。

第四,治疗可选用土霉素,每天每千克体重20～50毫克,分2～3次服完;四环素,每日每千克体重20～50毫克,分2～3次服完。也可使用磺胺类药物,如复方新诺明等进行治疗。

真菌性肺炎

真菌性肺炎又名肺曲霉菌病,是由曲霉菌属的一些真菌引起的肺炎,主要病变特征是在肺脏中形成肉芽肿结节。本病多发于家禽,羊、牛、马也能被感染。

【病　原】

烟曲霉为本病的主要病原体,其次为黑曲霉、黄曲霉、构巢曲霉,青霉菌和毛霉菌也能感染致病。真菌广泛分布于自然界,常存在于禽舍和厩舍的土壤、垫草及发霉的谷粒上。真菌能在室温及普通真菌培养基上生长，在沙氏葡萄糖琼脂培养基上生长良好。真菌有很强的抵抗力，煮沸5分钟才能被杀死；在普通消毒液中须1～3小时方可灭活。烟曲霉能产生毒素，可使实验小动物，如家兔、小鼠、豚鼠等产生惊厥、麻痹和死亡。毒素不仅能引起肺脏病变，还可导致肝硬变并诱发肝癌。

【诊断要点】

流行特点　本病在我国各地均有发生。曲霉菌广泛分布于自然环境中，羊常因接触发霉的饲料、垫草而感染。阴湿地区发病率较高。

临床症状　初期，病羊精神沉郁，食欲减退，常卧地不起，不喜活动。病程稍长时可见呼吸困难，以后逐渐加重。部分病例可发生死亡。

病理变化　病变主要位于肺脏，呈弥漫性肺炎和结节性肺炎。前者常为支气管肺炎或纤维素性肺炎，眼观肺脏有大小不一的实变区；镜检时，在支气管内及肺泡腔中积聚大量的粘液、纤维素、炎症细胞及菌丝；病灶周围的肺组织常发生坏死和渗出变化。后者可分为急性和慢性两种。急性结节性肺炎时，肺部可见针头大、粟粒至豌豆大的黄白色结节，质地坚实，切面呈层状，中心为干酪样坏死，其中含有大量菌丝体。在慢性结节性肺炎时，肺部可见较多肉芽肿结节，结节中央为干酪样坏死，周围有上皮细胞和多核巨细胞分布，再外层为结缔组织包裹，其中有淋巴细胞、巨噬细胞和中性粒细胞。真菌染色时，在结节内可见菌丝。鼻腔粘膜和其他器官偶尔可见肉芽肿结节。

实验室诊断　主要进行病原学检查。

(1)病料采集　通常采集病变的肺脏等组织作为病料。

(2)真菌培养　在沙氏葡萄糖琼脂培养基上生长时，菌落最初呈白色绒毛状，并很快变成深绿色或灰绿色，表明此时已形成大量分生孢子。

(3)镜检　菌丝呈分枝状，有隔，由菌丝分化成的分生孢子梗向上逐渐变大，在其顶端形成顶囊，在顶囊的1/2～1/3处产生担子柄，末端形成一串链形孢子，即分生孢子。分生孢子呈圆形或卵圆形，表面有细刺，直径为2.5～3微米，含有黑绿色色素。

【防治措施】

第一，保持羊舍干燥、清洁、通风，并注意卫生消毒，不使用发霉的饲料和垫草。

第二，在阴雨潮湿季节要防止真菌孳生。发现疫情时，要迅速采取环境消毒等措施，可使用抗真菌药物治疗。

羊腐蹄病

羊腐蹄病是由节瘤拟杆菌感染引起的一种接触性传染病。特征为病羊趾间皮肤和邻近软组织发生坏死性炎症。单纯的节瘤拟杆菌感染，一般只引起不太明显的局部损伤。继发坏死梭菌等感染时，可引起恶性腐蹄病，影响羊只运动、采食、体重及羊毛产量和母羊受精等。

【病　原】

节瘤拟杆菌分类上属于拟杆菌属，是一种平直或稍弯曲的杆菌，大小为1～1.7微米×3～6微米，单在或偶尔成双，两端膨大。人工培养基上可因多次传代而丧失上述特征。专性厌氧。革兰氏染色阴性，具有抗脱色的倾向；美蓝染色常在菌体末端见到一至数个异染颗粒。本菌不同菌株在抗原性上有差异，且毒力也不同。菌体具有许多菌毛，菌毛数目与毒力和菌落形态改变有关。在固体培养基上可形成光滑、隆起、透明或半透明的菌落。菌落侵蚀培养基表面菌落呈凹陷状态。菌落可分为3种类型，B型菌落为乳头状或水珠样，致病性强；M型菌落呈粘液状，致病性弱；C型菌落呈环状，无致病性。在普通肉汤中呈轻度浑浊生长，有时有颗粒状沉淀物。节瘤拟杆菌脱离动物组织后，不能长期存活，即使在潮湿的草场和污泥中，也仅可存活4～7天。在感染的组织中可长期存活，这是腐蹄病难以消灭的原因之一。

【诊断要点】

流行特点 节瘤拟杆菌是羊体的自然栖息者，甚至在干燥条件下，也可于感染羊蹄部存活2～3年。湿暖季节在低湿草场放牧的羊群常暴发本病。蹄部皮肤过湿、角质软化、创伤、擦伤等常易诱发感染。坏死梭菌等几种土壤细菌可参与病的发生。

临床症状与病理变化

(1)恶性型 强毒株引起或继发感染所致。多个蹄壳的上皮组织发生严重的坏死性损害，以致和蹄角质大面积分离。病羊厌食、跛行，体重减轻10%，羊毛质量下降、减产8%，瘦弱致死，或成为带菌羊。

(2)良性型 趾间皮炎，轻度跛行，倾向于自愈。

(3)中间型 介于以上两型之间。

疾病暴发的早期，难以区别以上各型。

实验室诊断

(1)病原学检查

①染色镜检 从蹄壳内损害边缘取材涂片，革兰氏染色和美蓝染色，可见革蓝氏阴性的大杆菌，膨大的末端有数个异

染颗粒。

②分离培养　取病料进行厌氧培养，分离、鉴定病原体以确诊。

(2)血清学诊断　①本菌全细胞抗原，测定相同血清型菌株的感染(本菌细胞外膜抽提物和细胞内蛋白酶抽提物，可提高反应敏感性)。②抗本菌菌毛的家兔抗血清，用于本菌血清型的分类，但不能测定其毒力。

【防治措施】

(1)免疫接种　国外用不同血清型的细菌灭活培养物，加入佐剂制成菌苗，免疫接种 2 次以上(间隔 6 周至 12 个月)，能保护羊群免受感染。

(2)足浴　用 10%～20%硫酸锌溶液或 5%甲醛溶液足浴 6～12 秒钟，蹄底腐烂部涂外用油膏。同时注意消除诱因，不在低湿牧地放牧。

(3)全身疗法　壮观霉素(100 毫克/毫升)和林可霉素(50 毫克/毫升)等量混合，每 10 千克体重 1 毫升，肌注 1 次，对恶性型病例的疗效可达 95%。

传染性结膜角膜炎

传染性结膜角膜炎又称红眼病，主要是由摩拉菌属的病原菌引起的危害羊、牛等反刍动物的一种急性传染病。以眼结膜和角膜发生明显的炎症变化，并伴有大量流泪为特征。疾病后期感染角膜呈乳白色，往往发生角膜浑浊、溃疡甚至失明。本病广泛分布于世界各地，属常见多发病。虽然传染性角膜结膜炎是一种非致死性传染病，但由于局部刺激、视觉扰乱甚至视力丧失，患病动物生长缓慢，饲养成本升高，治疗费用增加，对养羊业造成一定的经济损失。此外，由于发病母羊的产羔率下降，对养羊地区有一定影响。

【病 原】

引起传染性角膜结膜炎的摩拉菌主要有绵羊摩拉菌、牛摩拉菌。摩拉菌多为人和恒温动物眼结膜及上呼吸道粘膜等部位的寄生菌，大多可人畜共染，一般情况下没有危害。许多种为机会致病菌，不具备高致病性。羊摩拉菌的菌体多呈球状，常较小，直径 0.6～1 纳米。摩拉菌在病料中常单在、成双，或见短链状；革兰氏染色阴性，常有抵抗脱色的倾向。大多数菌株需氧，有些菌株可在厌氧条件下微弱生长；大多数种对营养要求较高；最适生长温度 33℃～35℃。羊摩拉菌在血琼脂上培养 48 小时，长成微凸、直径在 2.5 毫米以内的菌落，延长培养后，菌落增大易碎，呈浅灰色。羊摩拉菌主要存在于绵羊、牛的眼结膜以及上呼吸道内。一般认为，摩拉菌致病性低，需要有环境致病因素或其他病原体的协同作用，才能引起感染发病，加重细胞病变和炎症过程。有报道，摩拉菌只有在强烈的太阳光照射下才可使感染动物产生典型的临床症状。单独用病眼分泌物分离的摩拉菌感染羊只或仅将羊只置于强光下照射，不一定能引发本病。阳光中的紫外线可增强摩拉菌的致病作用，紫外线的辐射损伤了粘膜组织，降低了动物的抵抗力，细菌伺机生长繁殖，引起疾病。摩拉菌对外环境因素的抵抗力不强，加热至 59℃经 5 分钟即被杀死。一般的消毒药在常用浓度下短时间内可杀灭该菌。对青霉素、四环素、多粘菌素等抗生素敏感。

有些学者认为，本病是一种多病原的疾病。有报道，从患病动物眼内直接采集病料接种于健康动物的眼结膜内，大部分人工感染动物出现临床症状。而将从病眼分离的摩拉菌培养物接种于健康动物的结膜囊内，则很少发生临床症状。目前，从患病动物病料分离到的病原体除摩拉菌外，还有立克次体、鹦鹉热衣原体、结膜支原体、奈氏球菌、李氏杆菌等。

【诊断要点】

流行特点 本病主要危害绵羊、山羊，牛、骆驼、鹿等动物也具易感性。不分性别和年龄，以幼龄动物发病较多，特别是2岁以下者最为易感。患病动物和带菌动物是主要的传染源。摩拉菌在感染动物的眼、鼻分泌物、呼吸道粘膜中可存在数月。引进患病动物或带菌动物是暴发本病的常见原因。同种动物可通过直接接触，如头部摩擦、打喷嚏、咳嗽等方式传染。据观察，不同种的动物之间，一般不能相互传递病原。病牛和羊同草场放牧，羊一般不感染。被病畜的泪和鼻分泌物污染的饲料可传播本病。蝇类和某些飞蛾可机械传递病原。本病多发于天气炎热和湿度较高的夏、秋季节。一旦发病，传播迅速，多呈地方性流行或流行性。阳光曝晒、风沙、扬尘、蝇类频繁活动等可促进本病的发生和流行。

临床症状 潜伏期3～7天。一般无全身症状，少见发热。病初患眼羞明、流泪，眼睑肿胀、疼痛。稍后角膜凸起，血管充血，结膜和瞬膜红肿，或在角膜上发生白色或灰色小点。严重者角膜增厚，形成角膜瘢痕及角膜翳，甚至发生溃疡。有时发生眼前房积脓或角膜破裂，晶体可能脱落。多数病例病初一侧眼患病，后为双眼感染。病程一般为20～30天。当眼球化脓时，体温可能升高，患羊食欲减退，精神沉郁，产乳量下降。多数病例可痊愈，但往往招致角膜云翳、角膜白斑甚至失明。在放牧羊群，病羊由于双目失明而觅食困难，行动不便，并有滚坡摔伤、摔死者。合并感染有衣原体等的病羊，有时可见关节炎、跛行等症状；瞬膜和结膜上形成直径1～10毫米的淋巴样滤泡。

病理变化 可见结膜水肿、充血、出血。角膜增厚，或凹陷或隆起，呈白斑状或白色浑浊。有时可见角膜瘢痕、角膜翳或溃疡。有时全眼球组织受到侵害，眼前房积脓或角膜破裂，晶体可能脱落，造成永久性失明。结膜固有层纤维组织明显充血、水肿和炎性细胞浸润，纤维组织疏松，呈海绵状；上皮变性、坏死或程度不等地脱落。角膜的变化基本相同，有明显炎症细胞和组织变性过程，但无血管反应。结膜组织含多量淋巴细胞及浆细胞。上皮样细胞之间有中性白细胞。角膜的组织变化表现为上皮增生，固有层弥漫性玻璃样变性。有些病例固有层胶原纤维增生和纤维化。

实验室诊断

(1)病原学检查　由摩拉菌感染引起的传染性角膜结膜炎，细菌学检查是确诊的主要依据，并注意区别牛摩拉菌和羊摩拉菌。

①病料采集　发病初期(即特异性抗体在眼分泌物中出现之前)用无菌棉拭子采集结膜囊内的分泌物、鼻液作为病料，置脑心浸液肉汤中立即送检。同时制作病料涂片，供染色检查用。

②染色镜检　病料涂片用姬姆萨氏染色法、革兰氏染色法染色镜检，摩拉菌革兰氏染色阴性，有荚膜，不形成芽胞，不运动。病料中常成双存在，偶见短链，具多形性，有时可见球状、杆状、丝状菌体。病料中检出病原菌，结合发病情况，可确诊。

③分离培养　用铂金耳接种针勾取少量病料标本，划线或涂布接种于巧克力琼脂平板、牛血或羊血脑心琼脂(牛血优于羊血)培养基(平板应新制)，置35℃培养24～48小时。本

菌可生长形成圆形、边缘整齐、光滑、半透明、灰白色的菌落。如接种于鲜血琼脂平板，呈β溶血。观察并挑选可疑菌落进行生化试验和血清学试验以鉴定分离菌株。

④动物接种试验　患病羊眼分泌物病料标本或培养物直接涂擦于健康绵羊或小鼠的结膜囊内，经2～3天，被接种动物可发生结膜炎。或用纯培养物静脉或肌内注射小鼠或豚鼠，2～6天后，注射局部发生坏死，同时发生结膜炎和休克。

(2)血清学试验　血清凝集试验、琼脂扩散试验和间接血凝试验等血清学方法可检测感染动物的抗体，也可用于新分离菌株的鉴定。免疫荧光试验可用于快速检查眼分泌物标本或平板培养物中的细菌。

类症鉴别　羊传染性角膜结膜炎应与维生素A缺乏症进行鉴别。维生素A缺乏症主要发生于冬、春季节或舍饲羊，通常出现夜盲症以及消化不良等症状。

【防治措施】

第一，不从疫区引进种羊及其产品。引进羊要严格检疫，隔离观察，证明无病后方可利用。

第二，加强饲养管理，严格执行兽医卫生制度。放牧羊群应避免强烈阳光刺激，防止强风、扬尘的侵袭，夏、秋季节注意灭蝇。

第三，成年羊发病较少，患过本病的对重复感染有一定的抵抗力。摩拉菌有许多免疫性不同的菌株，用本地分离的具有菌毛和血凝性的菌株制成多价菌苗进行免疫接种，对本病有一定的预防作用。

第四，对病羊应立即隔离，早期治疗。彻底清除厩肥，全面消毒场舍。牧区流行时，应划定并封锁疫区，禁止易感动物出入流动。

第五，对症治疗的方法有：①用2%～4%硼酸水溶液洗眼，拭干后再用3%～5%弱蛋白银溶液滴入结膜囊内，每天2～3次。或滴入5 000单位/毫升的青霉素溶液，也可涂抹四环素软膏。角膜浑浊、角膜翳时，涂抹1%～2%黄降汞软膏。②肌内注射0.05%酒石酸泰乐霉素或6-甲强的松龙、青霉素和双氢链霉素混合液，可取得较好效果。

第六，也可选用中药治疗：①炉甘石30克，冰片10克，熊胆3克，硼砂15克，硇砂3克，铜绿15克，辛红6克，琥珀1.5克，研成细末，敷于病眼内。②硼砂6克，白矾6克，荆芥6克，防风6克，郁金3克，水煎后去渣，温洗病眼。③硼砂、硇砂、朱砂等份，研为细末，用竹管吹入病眼内。④用柏树枝和明矾熬水，凉后洗眼。

羊传染性脓疱

羊传染性脓疱俗称羊口疮，是由羊口疮病毒引起的绵羊和山羊的一种传染性疾病。本病以患羊口唇等部位皮肤、粘膜形成丘疹、脓疱、溃疡以及疣状厚痂为特征。

【病　原】

羊口疮病毒分类上属于痘病毒科、副痘病毒属。病毒粒子呈砖形或呈椭圆形的线团样(病毒粒子表面呈特征性的管状条索斜形交叉呈编织样外观)，一般排列较为规则。核酸类型为双股DNA。羊口疮病毒对外界环境抵抗力强。干燥痂皮内的病毒于夏季日光下经30～60天开始丧失其传染性；散落于地面的病毒可以越冬，至翌年春天仍具有感染性。病料在低温冷冻条件下保存，可保持毒力达数年之久。本病毒对高温较为敏感，60℃30分钟即可被灭活。常用的消毒药为

2%氢氧化钠溶液、10%石灰乳、20%热草木灰溶液。

【诊断要点】

流行特点 本病只危害绵羊和山羊，且以3～6月龄的羔羊发病为多，常呈群发性流行。成年羊也可感染发病，常呈散发。人也可感染羊口疮病毒。病羊和带毒羊为传染源，主要通过损伤的皮肤、粘膜感染。自然感染是由于引入病羊或带毒羊，或者利用被病羊污染的羊舍或牧场而传染。由于病毒的抵抗力较强，本病在羊群内可连续危害多年。

临床症状和病理变化

潜伏期4～8天。本病在临床上一般分为唇型、蹄型和外阴型3种病型，也见混合型感染病例。

(1)*唇型* 病羊首先在口角、上唇或鼻镜上出现散在的小红斑，逐渐变为丘疹和小结节，继而成为水疱或脓疱，破溃后结成黄色或棕色的疣状硬痂。如为良性经过，则经1～2周痂皮干燥、脱落而康复。严重病例，患部继续发生丘疹、水疱、脓疱、痂垢，并互相融合，波及整个口唇周围及眼睑和耳廓等部位，形成大面积龟裂、易出血的污秽痂垢。痂垢下伴以肉芽组织增生，痂垢不断增厚，整个嘴唇肿大外翻呈桑葚状隆起，影响采食，病羊日趋衰弱。部分病例常伴有坏死杆菌、化脓性病原菌的继发感染，引起深部组织化脓和坏死，致使病情恶化。有些病例口腔粘膜也发生水疱、脓疱和糜烂，使病羊采食、咀嚼和吞咽困难。个别病羊可因继发肺炎而死亡。继发感染的病害可能蔓延至喉、肺以及皱胃。

(2)*蹄型* 病羊多见一肢患病，也可能同时或相继侵害全部蹄端。通常于蹄叉、蹄冠或系部皮肤上形成水疱、脓疱，破裂后成为由脓液覆盖的溃疡。如继发感染则发生化脓、坏死，常波及蹄基部、蹄骨，甚至肌腱和关节。病羊跛行，长期卧地，病期缠绵。也可能在肺脏、肝脏以及乳房中发生转移性病灶，严重者衰竭而死或因败血症死亡。

(3)外阴型　外阴型病例较为少见。病羊出现粘液性或脓性阴道分泌物，在肿胀的阴唇及附近皮肤上发生溃疡；乳房和乳头皮肤（多系病羔吮乳时传染）上发生脓疱、烂斑和痂垢；公羊则表现为阴囊鞘肿胀，出现脓疱和溃疡。

实验室诊断

(1)病原学检查

①病料采集　病变局部采集水疱液、水疱皮、脓疱皮以及较深层痂皮。

②电镜观察　病料制片，磷钨酸钠负染后直接做电镜检查，可见特殊形态的羊口疮病毒粒子，结合流行病学分析、临床症状和病理变化，即可确诊。

③分离培养　羊口疮病毒可用胎羊皮肤细胞，牛、羊睾丸细胞和肾细胞，人羊膜细胞等进行分离培养。一般接种后48～60小时可见细胞变圆、团聚和脱壁等病变，并可观察到胞质内嗜酸性包涵体。

④动物接种试验　病料制成乳剂，划痕接种于健康羔羊口唇，次日即可观察到接种部位红肿，继而出现水疱，4～6天变为脓疱，经3～4周脱落。

(2)血清学试验　本病可用补体结合反应、琼脂扩散试验、免疫荧光技术、反向间接血凝试验、酶联免疫吸附试验等血清学方法进行诊断。

类症鉴别　本病常与羊痘、坏死杆菌病等疾病鉴别。

(1)与羊痘　羊痘的痘疹多为全身性，而且病羊体温升高，全身反应严重。痘疹结节呈圆形突出于皮肤表面，界限明显，似脐状。

(2)与坏死杆菌病　坏死杆菌病主要表现为组织坏死，一般无水疱、脓疱的病变，也无疣状增生物。进行细菌学检查和动物试验即可区别。

【防治措施】

第一，勿从疫区引进羊或购入饲料、畜产品。引进羊须隔离观察2～3周，严格检疫，同时应将蹄部多次清洗、消毒，证明无病后方可混入大群饲养。

第二，保护羊的皮肤、粘膜勿受损伤，捡出饲料和垫草中的芒刺。加喂适量食盐，以减少羊只啃土啃墙，防止发生外伤。

第三，本病流行区用羊口疮弱毒疫苗进行免疫接种，使用疫苗株毒型应与当地流行毒株相同。也可在严格隔离的条件下，采集当地自然发病羊的痂皮回归易感羊制成活毒疫苗，对未发病羊的尾根无毛部进行划痕接种，10天后即可产生免疫力，保护期可达1年左右。

第四，病羊可先用水杨酸软膏将痂垢软化，除去痂垢后再用0.1%～0.2%高锰酸钾溶液冲洗创面，然后涂2%龙胆紫、碘甘油溶液或土霉素软膏，每天1～2次，至痊愈。蹄型病羊则将蹄部置5%～10%甲醛溶液中浸泡1分钟，连续浸泡3次；也可隔日用3%龙胆紫溶液、1%苦味酸溶液或土霉素软膏涂抹患部。

口蹄疫

口蹄疫又称口疮、蹄癀，是由口蹄疫病毒引起的偶蹄兽的一种急性、热性、高度接触性传染病。本病以口腔粘膜、蹄部和乳房部皮肤发生水疱、溃烂为特征。本病广泛流行于世界各地，传染性极强，不仅直接引起巨大经济损失，而且影响经济贸易活动，对养殖业危害严重。

【病　原】

口蹄疫病毒分类上属于小核糖核酸病毒科、口蹄疫病毒属。核酸类型为单股 RNA，病毒粒子呈球形，不具有囊膜。口蹄疫病毒具有多型性。目前所知有 7 个主型，即 A 型、O 型、C 型、SAT（南非）Ⅰ型、SAT（南非）Ⅱ型、SAT（南非）Ⅲ型及Asia（亚洲）Ⅰ型。同一血清型内又有若干个不同的亚型。各血清型之间几乎没有交叉免疫性，同一血清型内各亚型之间仅有部分交叉免疫性。口蹄疫病毒具有相当易变的特征。病毒主要存在于患病动物的水疱皮以及淋巴液中。发热期，病畜的血液中病毒的含量高，而退热后在乳汁、口涎、泪汁、粪便、尿液等分泌物、排泄物中都含有一定量的病毒。口蹄疫病毒可于多种细胞培养系统中增殖，如犊牛肾细胞、胎猪肾细胞、乳仓鼠肾细胞等，并产生细胞病变。病毒培养方法有单层细胞培养和深层悬浮培养。口蹄疫病毒对外界环境抵抗力强，自然情况下，含毒组织和污染的饲料、牧草、皮毛及土壤等可保持传染性达数日、数周甚至数月之久。口蹄疫病毒对日光、热、酸、碱均很敏感。常用的消毒剂有 2%氢氧化钠溶液、20%～30%草木灰水、1%～2%甲醛溶液、0.2%～0.5%过氧乙酸、4%碳酸氢钠溶液等。

【诊断要点】

流行特点　口蹄疫病毒可侵害多种动物，而以偶蹄兽易感性高。除绵羊、山羊发病外，牛、猪、骆驼以及野生偶蹄兽也能感染发病。人对口蹄疫病毒也具有易感性。病畜和带毒动物为主要传染源。当易感羊群中存在传染源时，病毒常借助于直接接触方式传递；病毒也可以通过各种媒介物而间接接触传递。消化道是主要的感染门户，也可经损伤的皮肤、粘膜感染，近年来证明，呼吸道感染也是重要感染途径，病毒可随空气流动而传播到很远的地区。新疫区常呈流行性或大流行，发病率可达 100%；而在老疫区，发病率则较低。口蹄疫在牧区的流行常表现有一定的季节性，一般秋末开始，冬季加剧，春季减缓，夏季平息。易感动物的大批流动、污染的畜产品和饲料的转运、运输工具和饲管用具的任意流动、利用污染的牧场、水源和饲料、非易感动物和人员的随意往来以及兽医卫生防疫措施执行不严等，均是本病发生流行的因素。

临床症状 患羊体温升高，精神不振，食欲低下，常于口腔粘膜、蹄部皮肤上形成水疱、溃疡和糜烂，有时病害也见于乳房部。口腔损害常在唇内面，齿龈、舌面及颊部粘膜发生水疱和糜烂，疼痛、流涎，涎水呈泡沫状。如单纯于口腔发病，一般 1～2 周可望痊愈；而当累及蹄部或乳房部时，则 2～3 周方能痊愈。一般呈良性经过，病死率不过 1%～2%。羔羊发病常表现为恶性口蹄疫，发生心肌炎，有时呈出血性胃肠炎而死亡，病死率可达 20%～50%。

病理变化 病死羊除见口腔、蹄部和乳房部等处出现水疱、烂斑外，严重病例咽喉、气管、支气管和前胃粘膜有时也有烂斑和溃疡形成。前胃和肠道粘膜可见出血性炎症。心包膜有散在性出血点。心肌松软，似煮熟状；心肌切面呈现灰白色或淡黄色的斑点或条纹，好似老虎身上的斑纹，故称为虎斑心。

实验室诊断

(1)病原学检查

①病料采集 通常采集新鲜的水疱皮或水疱液，采后加入等量 pH 值 7.6 含 10%胎牛血清的组织培养液；也可从刚

发过病的动物身上采集病料，一般采集血液（注意加抗凝剂）、血清或用食管探杯刮取咽喉部-食管分泌物；死亡动物则可采集淋巴结、甲状腺或心肌等材料作为病料。采集的样品应在冰冻状态下迅速送达专门实验室进行检验。也可将采集的样品，置于 pH 值 7.6 含 50%甘油的 0.04 摩尔/升磷酸盐缓冲液中，用装有冷却剂的保温瓶送往实验室。

②电镜观察　口蹄疫病毒粒子大致呈圆形或六角形，衣壳呈二十面体立体对称，无囊膜。取病料做超薄切片，在电镜下可见到胞质内呈晶格状排列的口蹄疫病毒。

③细胞培养　口蹄疫病毒可在牛舌上皮细胞、牛肾细胞、猪肾细胞、豚鼠肾细胞、仓鼠肾细胞和兔肾细胞等原代细胞以及猪肾细胞、乳仓鼠肾细胞等继代细胞中增殖。

④动物接种试验　将采集的水疱皮置于平皿内，用灭菌的 pH 值 7.6 磷酸盐缓冲液冲洗 4～5 次，于灭菌乳钵中剪碎，加入适量灭菌石英砂研磨，用 pH 值 7.6 磷酸盐缓冲液制成 1∶5～10 的乳剂，如有水疱液可在此时加入。制成的病料乳剂，每毫升加入青霉素 1 000 单位、链霉素 1 000 微克，置 2℃～4℃冰箱浸毒 4～6 小时，以 3 000 转/分离心 10～15 分钟，取上清液备用。抗凝血液可直接作为接种用。选 2～7 日龄乳小鼠 10 只，于颈背部皮下接种病毒感染液 0.2 毫升。一般接种小鼠于 20～30 小时出现典型的口蹄疫症状，发病乳小鼠运动不灵活，用镊子夹尾巴或四肢，常可发现其已失去知觉。随后四肢麻痹，呼吸促迫，最终死亡。采集濒死期或新死乳小鼠的骨骼肌，研磨制成 10%的病料悬液，供传代接种和鉴定用。也可选用豚鼠或乳兔进行试验接种。

（2）血清学试验　血清学试验常用于口蹄疫病毒毒型的鉴定，以便依据流行毒株的血清型选用同型口蹄疫疫苗，进行紧急免疫接种。常用的血清学试验有补体结合反应、中和试验、琼脂扩散试验等。检测口蹄疫病毒的核酸探针技术，可更为快速、简便、特异地诊断口蹄疫。

类症鉴别 羊口蹄疫应与羊传染性脓疱、蓝舌病等类似疾病进行区别。

(1)与羊传染性脓疱 羊传染性脓疱主要发生于幼龄羊，病的特征是在口唇部发生水疱、脓疱以及疣状厚痂，病变是增生性的，一般无体温反应。病料电镜观察可发现呈编织线团样构造的羊口疮病毒。

(2)与蓝舌病 口蹄疫是一种高度接触性传染病，而蓝舌病则主要通过库蠓叮咬传播。口蹄疫牛、猪易感性高，均可感染发病；而蓝舌病在牛发病较少，猪一般不感染。口蹄疫的糜烂病灶是因水疱破溃而发生，而蓝舌病的溃疡不是由于水疱破溃后所形成，且缺乏水疱破裂后那样不规则的边缘。通过血清学试验可区分口蹄疫病毒和蓝舌病病毒。

【防治措施】

第一，无病地区严禁从有病国家或地区购进动物及动物产品、饲料、生物制品等。来自无病地区的动物及其产品，也应进行检疫。检出阳性动物时，全群动物做销毁处理，运载工具、动物废料等污染器物应就地消毒。

第二，无口蹄疫的地区，一旦发生疫情，应采取果断措施，患病动物和同群动物全部扑杀销毁，被污染的环境严格、彻底消毒。

第三，口蹄疫流行区，坚持免疫接种。用与当地流行毒株同型的口蹄疫弱毒疫苗或灭活疫苗接种动物。由于牛、羊的弱毒疫苗对猪可能致病，安全性差，故目前已逐渐改用口蹄疫灭活疫苗。

第四，当动物群发生口蹄疫时，应立即上报疫情，确定诊断，划定疫点、疫区和受威胁区，实施隔离封锁措施，对疫区和受威胁区未发病动物进行紧急免疫接种。

狂犬病

狂犬病俗称疯狗病，又名恐水病，是由狂犬病病毒引起的多种动物共患的急性接触性传染病。本病以神经调节功能障碍、反射兴奋性增高，发病动物表现狂躁不安、意识紊乱为特征，最终发生麻痹而死亡。

【病　原】

狂犬病病毒分类上属弹状病毒科、狂犬病病毒属。病毒的核酸类型为单股 RNA，在电镜下观察病毒粒子为圆柱体形，底部平，另一端钝圆，呈试管状或子弹状。狂犬病病毒在动物体内主要存在于中枢神经特别是海马角、大脑皮质、小脑等细胞和唾液腺细胞内，并于胞质内形成对狂犬病为特异的包涵体，称为内基氏小体，呈圆形或卵圆形，染色后呈嗜酸性反应。病毒可在大鼠、小鼠、家兔和鸡胚等脑组织以及仓鼠肾、猪肾等细胞中培育增殖。狂犬病病毒对过氧化氢、高锰酸钾、新洁尔灭、来苏儿等消毒药敏感，1%～2%肥皂水、70%酒精、0.01%碘液、丙酮、乙醚等能使之灭活。

【诊断要点】

流行特点　本病以犬类易感性最高，羊和多种家畜及野生动物均可感染发病，人也可感染。传染源主要是患病动物以及潜伏期带毒动物，野生的犬科动物（如野犬、狼、狐等）常成为人、畜狂犬病的传染源和自然保毒宿主。患病动物主要经唾液腺排出病毒，以咬伤为主要传播途径，也可经损伤的皮肤、粘膜感染，经呼吸道和口腔途径感染业已得到证实。本病一般为散发，一年四季都有发生，以春末夏初多见。

临床症状 潜伏期的长短与感染部位有关，最短8天，长达1年以上。本病在临床上分为狂暴型和沉郁型两种。

(1)狂暴型 病羊初精神沉郁，反刍减少、食欲降低，不久表现起卧不安，出现兴奋性和攻击性动作，冲撞墙壁，磨牙流涎，性欲亢进，攻击人畜等。病羊常舔咬伤口，使之经久不愈，后期发生麻痹，卧地不起，衰竭而死。

(2)沉郁型 病羊多无兴奋期或兴奋期短，很快转入麻痹期，出现喉头、下颌、后躯麻痹，流涎、张口、吞咽困难，最终卧地不起而死亡。

病理变化 尸体常无特异性变化，病尸消瘦，一般有咬伤、裂伤，口腔粘膜、咽喉粘膜充血、糜烂。组织学检查有非化脓性脑炎，可在神经细胞的胞质内检出嗜酸性包涵体。

实验室诊断

(1)病原学检查

①病料采集 将患病羊或可疑感染羊扑杀，采集大脑海马角、小脑以及唾液腺等组织作为病料。

②包涵体检查 病料做触片和超薄切片，用含碱性复红和美蓝的塞勒(Seller)氏染色液染色，在光学显微镜下观察，内基氏小体呈淡紫色。也可将病料涂片或切片用狂犬病荧光抗体染色液染色，置荧光显微镜下观察，胞质内出现黄绿色荧光颗粒者为阳性。

③细胞培养 一般用仓鼠肾原代细胞或继代细胞、鼠成神经细胞瘤细胞等进行病毒的分离培养，培养细胞可能产生细胞病变，甚至出现包涵体，对不出现细胞病变的培养物，并不否定狂犬病病毒的存在和增殖，仍应进行病毒的鉴定检查。

④动物接种试验　实验动物以小鼠特别是瑞士小鼠最为敏感，也可选仓鼠和家兔进行接种试验。病料制成1∶10乳剂，脑内接种5～7日龄小鼠，如有狂犬病病毒存在，则于接种后1～2周出现麻痹症状和脑膜脑炎变化，可采集病料进行包涵体检查；或于接种后7天，扑杀小鼠，取病料检查。

(2)血清学试验　常用中和试验、补体结合试验、血凝抑制试验等方法进行病毒鉴定。

类症鉴别　狂犬病常需与日本乙型脑炎、伪狂犬病等疾病进行临床区别，主要通过实验室诊断方法区别。当人、畜被可疑病犬或动物咬伤时，应对可疑动物拘禁观察或扑杀，取病料进行包涵体检查、病毒分离鉴定和血清学试验诊断。

【防治措施】

第一，扑杀野犬、病犬及拒不免疫的犬类，加强犬类管理，养犬须登记注册，并进行免疫接种。

第二，疫区和受威胁区的羊只以及其他动物用狂犬病弱毒疫苗进行免疫接种。

第三，加强口岸检疫，检出阳性动物就地扑杀销毁。进口犬类必须有狂犬病的免疫证书。

第四，当人和家畜被患有狂犬病的动物或可疑动物咬伤时，迅速用清水或肥皂水冲洗伤口，再用碘酊、酒精溶液等消毒防腐剂处理，并用狂犬病疫苗进行紧急免疫接种。有条件时可用狂犬病免疫血清进行预防注射。

伪狂犬病

伪狂犬病又名阿氏病、奥耶斯基氏病、传染性延髓麻痹、奇痒病，是由伪狂犬病病毒引起的家畜和野生动物共患的一种急性传染病。临床上以发热、奇痒以及脑脊髓炎症状为特征。本病主要侵害中枢神经系统，因临诊表现与狂犬病相似，曾一度被误认为狂犬病。后证实是由不同的病毒所引起，被命名为伪狂犬病，以示区别。

【病　原】

伪狂犬病病毒又称猪疱疹病毒Ⅰ型，分类上属于疱疹病毒科、水痘病毒属。核酸类型为双股RNA。伪狂犬病病毒具有疱疹病毒的一般形态特征，成熟的病毒粒子由含有基因组的核芯、衣壳和囊膜3部分组成。伪狂犬病病毒能在鸡胚及多种哺乳动物细胞上培养增殖，并产生核内嗜酸性包涵体。常于猪肾细胞、兔肾细胞以及鸡胚成纤维细胞上形成蚀斑。病毒在发病初期存在于血液、乳汁、尿液以及脏器中；在疾病后期，则主要存在于中枢神经系统。伪狂犬病病毒对外界环境抵抗力强。畜舍内干草上的病毒夏季可存活3天，冬季可存活46天。含毒材料在50%甘油盐水中于4℃左右可保持毒力达3年之久。0.5%石灰乳、2%氢氧化钠溶液、2%甲醛溶液等可很快使病毒灭活。病毒于0.5%石炭酸溶液中可保持毒力达数十日之久。

【诊断要点】

流行特点　自然感染见于牛、绵羊、山羊、猪、猫、犬以及多种野生动物，鼠类也可自然发病。成年猪感染多呈隐性经过。实验动物以兔最易感，小鼠、大鼠、豚鼠等均可感染。病畜、带毒家畜以及带毒鼠类为本病的主要传染源。感染猪和带毒鼠类是伪狂犬病病毒重要的天然宿主。羊和其他动物感染多与带毒的猪、鼠接触有关。感染动物通过鼻漏、唾液、乳汁、尿液等各种分泌物、排泄物排出病毒，污染饲料、牧草、饮水、用具及环境。本病主要通过消化道、呼吸道途径感染，也可经受伤的皮肤、粘摸以及交配传染，或者通过胎盘、哺乳发生垂直传播。本病一般呈地方性流行或流行性，以冬季、春季发病为多。

临床症状 潜伏期为3～6天。羊感染伪狂犬病多呈急性经过，体温升高，精神委顿、肌肉震颤，出现奇痒。常见病羊用前肢摩擦口唇、头部等痒处，有时啃咬痒部并发出凄惨叫声或撕脱痒部被毛。病羊卧地不起，食欲减退或拒食，咽喉部发生麻痹，流出带泡沫的唾液及浆液性鼻液。多于发病后1～2天内死亡，山羊患病病程可稍有延长。

病理变化 病死羊除局部被毛脱落，皮肤水肿、充血、擦伤甚至撕裂外，一般无明显肉眼可见的变化。组织病理学检查，中枢神经系统呈弥漫性非化脓性脑膜脑脊髓炎变化及神经节炎。病变部位有明显的周围血管套以及弥漫的灶性胶质细胞增生，同时伴有广泛的神经节细胞及胶质细胞坏死。

实验室诊断

(1)病原学检查

①病料采集 采集脑组织(中脑、小脑、脑桥和延髓)、扁桃体、肺脏、脾脏及淋巴结，其中脑组织是理想的病毒分离材料。也可采集鼻咽洗液、患部水肿液作为病料。

②直接镜检 伪狂犬病病毒具有疱疹病毒的一般形态特征，病料电镜观察，病毒粒子呈圆形或椭圆形，中央为核芯，内含双股RNA，其外是衣壳，呈二十面体立体对称，最外层是病毒囊膜，囊膜表面有纤突。

③分离培养 脑组织或扁桃体等病料研磨制成10%病料悬液，每毫升加青霉素1 000单位、链霉素1 000微克处理，离心取上清液用于接种；鼻咽洗液或水肿液离心除去大块沉渣，经青霉素、链霉素处理即可用于接种。病料经绒毛尿囊膜

接种9～11日龄鸡胚,4天后绒毛尿囊膜出现灰白色斑性病变,胚体弥漫性出血、水肿,因神经系统受侵害而死亡。也可将病料接种猪肾细胞、兔肾细胞及鸡胚成纤维细胞,可出现细胞病变,镜检于病变细胞内可发现核内嗜酸性包涵体。

④动物接种试验 病料悬液经抗生素处理后,离心取上清液,皮下或肌内接种家兔,每只注射1毫升。接种后2～3天,注射局部出现奇痒,家兔表现不安,摩擦或啃咬痒部,使局部脱毛,皮肤破溃出血,随后发生四肢麻痹,衰竭死亡。也可用小鼠或豚鼠进行接种试验。

(2)血清学试验 病毒中和试验、琼脂扩散试验、补体结合试验、免疫荧光抗体技术、酶联免疫吸附试验等均可用于伪狂犬病的诊断,其中病毒中和试验敏感性高。

类症鉴别 伪狂犬病常应与李氏杆菌病、狂犬病等类似疾病进行区别诊断。

(1)与李氏杆菌病 羊感染李氏杆菌病后,一般无皮肤瘙痒症状。血液涂片染色镜检,可见单核细胞增多。病料镜检观察,可发现革兰氏阳性的李氏杆菌。病料悬液接种家兔,不出现特殊的瘙痒症状。

(2)与狂犬病 狂犬病患畜一般有被患病动物咬伤的病史,病畜兴奋时多有攻击性行为。病料悬液皮下接种家兔,通常不易感染。脑内接种,发病后无皮肤瘙痒症状。

【防治措施】

第一,本病流行区可用伪狂犬病弱毒细胞苗进行免疫接种。冻干苗先加3.5毫升中性磷酸盐缓冲液恢复原量,再稀释20倍。4月龄以上羊肌内注射1毫升,接种后6天产生免疫力,保护期可达1年。国内研制的牛羊伪狂犬病氢氧化铝甲醛灭活苗,证明有可靠的免疫效果。

第二，加强饲养管理，提倡自繁自养，不从疫区引入种羊。购入羊只时，严格检疫，阳性动物扑杀、销毁，同群羊隔离观察，证实无病后，方可混群饲养。

第三，消灭牧场内的鼠类，避免与猪接触或混养。发生本病后立即隔离病畜，用2％氢氧化钠溶液或0.5％石灰乳等消毒药消毒厩舍、污染的环境以及饲管用具等。

第四，通过血清学试验检疫淘汰阳性羊只，结合免疫接种，逐步净化羊群，消除本病。

第五，早期应用抗伪狂犬病高免血清治疗病羊有较好的疗效。目前尚无其他有效治疗方法或药物。

绵羊痘

绵羊痘又名绵羊天花，是由绵羊痘病毒引起的一种急性、热性、接触性传染病。本病以无毛或少毛部位皮肤、粘膜发生痘疹为特征。典型绵羊痘病程一般初为红斑、丘疹，后变为水疱、脓疱，最后干结成痂，脱落而痊愈。

【病　原】

绵羊痘病毒分类上属于痘病毒科、山羊痘病毒属。病毒核酸类型为DNA，病毒粒子呈砖形或椭圆形。病毒主要存在于病羊皮肤、粘膜的丘疹、脓疮以及痂皮内，病羊鼻分泌物内也含有病毒，发热期血液内也有病毒存在。病毒可于绵羊、山羊、犊牛等睾丸细胞和肾细胞以及幼仓鼠肾细胞内增殖，并产生细胞病变。病毒也可经绒毛尿囊膜途径接种于发育的鸡胚内增殖。通常可于增殖细胞内产生包涵体。本病毒对直射阳光、高热较为敏感，碱性消毒药及常用的消毒剂均有效，2％石炭酸15分钟可灭活病毒，本病毒耐干燥，干燥的痂皮中可存活6～8周。

【诊断要点】

流行特点 自然条件下，绵羊痘只发生于绵羊，不传染给山羊和其他家畜。病羊和带毒羊为主要传染源，主要通过呼吸道传播，也可经损伤的皮肤、粘膜感染。饲养人员、饲管用具、皮毛产品、饲草、垫料以及外寄生虫均可成为传播媒介。绵羊痘是各种家畜痘病中危害最严重的传染病，羔羊发病死亡率高，妊娠母羊可发生流产，故产羔季节流行，可招致很大损失。本病一般于冬末春初多发。气候寒冷、雨雪、霜冻、饲料缺乏、饲管不良、营养不足等因素均可促发本病。

临床症状 潜伏期平均6～8天。流行初期只有个别羊只发病，以后逐渐蔓延至全群。病羊体温升高达41℃～42℃，精神不振，食欲减退，并伴有可视粘膜卡他性、化脓性炎症。经1～4天后，开始发痘。痘疹多发生于皮肤、粘膜无毛或少毛部位，如眼周围、唇、鼻、颊、四肢内侧、尾内面、阴唇、乳房、阴囊以及包皮上。开始为红斑，1～2天后形成丘疹，突出于皮肤表面，坚实而苍白。随后，丘疹逐渐扩大，变为灰白色或淡红色半球状隆起的结节。结节在2～3天内变成水疱，水疱内容物逐渐增多，中央凹陷呈脐状。在此期间，体温稍有下降。由于白细胞的渗入，水疱变为脓性，不透明，成为脓疱。化脓期间体温再度升高。如无继发感染，则几天内脓疱干缩成为褐色痂块，脱落后遗留微红色或苍白色的瘢痕，经3～4周痊愈。

非典型病例不呈现上述典型症状或经过。有些病例，病程发展到丘疹期而终止，即所谓顿挫型经过。少数病例，因发生继发感染，痘疹出现化脓和坏疽，形成较深的溃疡，发出恶臭，常为恶性经过。病死率可达25％～50％。

病理变化 除上述临诊所见病变外，尸检前胃和皱胃粘膜往往有大小不等的圆形或半球形坚实结节，单个或融合存在，严重者形成糜烂或溃疡。咽喉部、支气管粘膜也常有痘疹，肺部则见干酪样结节以及卡他性肺炎区。

实验室诊断 典型绵羊痘结合流行病学分析，一般可做出较为确实的诊断。对非典型病例，则须进行实验室检验。

(1)病原学检查

①病料采集 通常采集病羊皮肤、粘膜上的丘疹、脓疱以及痂皮，也可采集鼻分泌物、发热期血液以及死亡羊内脏组织等作为检验材料。

②染色镜检 将新形成未化脓的丘疹，制成超薄切片，经姬姆萨氏染色法染色后，在光学显微镜下可见到椭圆形的原生小体，即可确诊。也可将病料置电镜下观察。

③细胞培养 绵羊痘病毒可于绵羊、山羊、犊牛等睾丸细胞和肾细胞以及幼仓鼠肾细胞内增殖，并产生细胞病变。病毒也可经绒毛尿囊膜途径接种于发育的鸡胚内增殖。

④动物接种试验 采集丘疹或痘痂做成乳剂，皮内或静脉接种未患过痘病的绵羊 1～2 只，如在接种部位或全身发生典型痘疹，即可证实为本病。

(2)血清学试验 本病可用中和试验、琼脂扩散试验、鸡红细胞吸附试验以及血凝抑制试验等方法进行诊断。

类症鉴别 本病在临床上常需与羊传染性脓疱、羊螨病等类似疾病进行区别。

(1)与羊传染性脓疱 羊传染性脓疱全身症状不明显，病羊一般无体温反应，病变多发生于唇部及口腔(蹄型和外阴型病例少见)，很少波及躯体部皮肤，痂垢下肉芽组织增生明显。

(2)与螨病 螨病的痂皮多为黄色麦皮样，而痘疹的痂皮则呈黑褐色，且坚实硬固。此外，从疥癣皮肤患处以及痂皮内可检出螨虫。

【防治措施】

第一，加强饲养管理，勿从疫区引进羊和购入羊肉、皮毛产品。抓膘保膘，冬、春季节适当补饲，注意防寒保暖。

第二，疫区坚持免疫接种，使用羊痘鸡胚化弱毒疫苗，大小羊只一律尾部或股内侧皮内注射 0.5 毫升，4～6 天产生免疫力，保护期 1 年。

第三，发生疫情时，划区封锁，立即隔离病羊，彻底消毒环境，病死羊尸体深埋。疫区和受威胁区未发病羊用鸡胚化弱毒疫苗实施紧急免疫接种。

第四，治疗应在严格隔离的条件下进行，防止病原扩散。皮肤上的痘疱，涂碘酊或紫药水；粘膜上的病灶，用 0.1%高锰酸钾溶液充分冲洗后，涂抹碘甘油或紫药水。继发感染时，肌内注射青霉素 80 万～160 万单位，连用 2～3 天；也可用 10%磺胺嘧啶钠 10～20 毫升，肌内注射 1～3 次。有条件时可用羊痘免疫血清治疗，每只羊皮下注射 10～20 毫升，必要时重复用药 1 次。

山羊痘

山羊痘是由山羊痘病毒引起的一种传染病。本病的临床症状和病理变化与绵羊痘相似，主要在皮肤和粘膜上形成痘疹。山羊痘病毒与绵羊痘病毒在分类上同属于痘病毒科、山羊痘病毒属。病毒核酸类型为 DNA。山羊痘病毒的生物学特征与绵羊痘相似。自然情况下，山羊痘病例较为少见。山羊痘只感染山羊，同群绵羊不受传染。山羊痘的诊断方法同绵羊痘。临床上，通常应与羊传染性脓疱进行鉴别。羊传染性脓疱绵羊、山羊均可感染发病，主要于口唇和鼻孔周围皮肤、粘膜形成水疱、脓疱，后结成厚而硬的痂，痂皮下有肉芽组织增生，一般无全身反应。山羊痘的预防以往是用绵羊痘鸡胚化弱毒疫苗进行免疫接种。目前，我国研制的山羊痘弱毒疫苗，可用于山羊痘的预防，皮下接种 0.5～1 毫升，安全有效，保护期可达 1 年。其他防治措施参见绵羊痘。

蓝舌病

蓝舌病是由蓝舌病病毒引起的主发于绵羊的一种以库蠓为传播媒介的传染病。本病以发热、消瘦，口腔粘膜、鼻粘膜以及消化道粘膜等发生严重的卡他性炎症为特征，因病羊舌呈蓝色而得名。病羊蹄部也常发生病理损害，因蹄真皮层遭受侵害而发生跛行。由于病羊特别是羔羊长期发育不良以及死亡、胎儿畸形、皮毛损坏等，可造成巨大的经济损失。

【病　原】

蓝舌病病毒分类上属于呼肠孤病毒科、环状病毒属。病毒核酸类型为双股 RNA。蓝舌病病毒有 24 个血清型，各血清型之间缺乏交互免疫性。本病毒可在鸡胚增值，一般经卵黄囊或血管途径接种；病毒也可于乳小鼠和仓鼠脑内接种增殖；羊肾、胎牛肾、犊牛肾、小鼠肾原代和继代细胞均可培养增殖蓝舌病病毒，并产生细胞病变。病毒主要存在于病羊的血液以及各脏器之中，康复羊的体内存在达 4～5 个月之久。蓝舌病病毒抵抗力强，50%甘油中可存活多年，对 2%～3%氢氧化钠溶液敏感。

【诊断要点】

流行特点 蓝舌病病毒主要感染绵羊，所有品种的绵羊均可感染，而以纯种的美利奴羊更为敏感。牛、山羊和其他反刍动物包括鹿、麋、羚羊、沙漠大角羊等野生反刍动物也可患本病，其临床症状轻缓或无明显症状，以隐性感染为主。仓鼠、小鼠等实验动物可感染蓝舌病病毒。病羊和病后带毒羊为传染源，隐性感染的其他反刍动物也是危险的传染来源。本病主要通过媒介昆虫库蠓叮咬传播。本病的分布多与库蠓的分布及其生活史密切相关。因此，蓝舌病多发生于湿热的晚春、夏季、秋季和池塘、河流分布广的潮湿低洼地区，也即媒介昆虫库蠓大量孳生、活动的季节和地区。

临床症状 潜伏期 3～10 天。病羊体温升高达 40℃以上，稽留 5～6 天。病羊精神委顿，厌食流涎，掉群，双唇发生水肿，常蔓延至面颊、耳部，甚至颈部、胸部、腹部。舌及口腔粘膜充血、发绀，出现青紫色淤斑。严重病例唇面、齿龈、颊部粘膜、舌粘膜发生溃疡、糜烂，致使吞咽困难。随病的发展，在溃疡损伤部位渗出血液，唾液呈红色，如有继发感染，则出现口臭。鼻分泌物初为浆液性，后变为粘脓性，常带血，结痂于鼻孔周围，引起呼吸困难。鼻粘膜和鼻镜糜烂出血。有些病例，蹄冠、蹄叶发生炎症，触之敏感，疼痛而跛行。病羊消瘦、衰弱，个别发生便秘或腹泻，常便中带血，最终死亡。妊娠母羊感染，则分娩出的胎儿可能畸形，如脑积水、小脑发育不足、回沟过多等。有些病羊痊愈后出现被毛脱落现象。病程 6～14 天。发病率达 30%～40%，病死率达 2%～30%或者更高。山羊的症状与绵羊相似，但表现更为轻缓。

病理变化 病死羊各脏器和淋巴结充血、水肿和出血；颌下、颈部皮下胶样浸润。口腔粘膜糜烂并有深红色区，口唇、舌、齿龈、硬腭和颊部粘膜水肿、出血；呼吸道、消化道、泌尿系统粘膜以及心肌、心内外膜可见有出血点。严重病例，消化道粘膜常发生坏死和溃疡。蹄冠等部位上皮脱落但不发生水疱，蹄叶发炎并形成溃烂。

实验室诊断

(1)病原学检查

①病料采集　发热期可采集病羊的血液，也可自新鲜尸体采集淋巴结、脾脏、肝脏等作为检验病料。此外，可采集发热期和病后1个月的双份血清，用于测定血清抗体滴度的变化。

②电镜观察　取淋巴结、脾脏、细胞培养物或鸡胚组织制片，负染后在电镜下观察，病毒颗粒呈球形，二十面体立体对称。

③分离培养　本病毒经静脉血管或卵黄囊途径接种可在鸡胚增殖；羊肾、胎牛肾、犊牛肾、小鼠肾原代和继代细胞均可培养增殖蓝舌病病毒并产生细胞病变。一般分离蓝舌病病毒的步骤为：病料静脉接种鸡胚→鸡胚盲传2～3代(卵黄囊途径接种)→接种敏感细胞→鉴定。

④动物接种试验　人工脑内接种病料于乳小鼠和仓鼠，3～7天后，接种动物发生致死性脑炎。此外，采集发热期病羊的血液或脏器病料制成悬液，静脉或皮内接种易感绵羊和经蓝舌病疫苗免疫的绵羊各3～5头，逐日观察，易感绵羊应出现与自然病例相同的症状，而免疫羊则不出现症状。

(2)血清学试验　血清学检验方法有琼脂凝胶扩散试验、病毒中和试验、补体结合试验、荧光抗体技术以及酶联免疫吸附试验等。

类症鉴别　羊蓝舌病通常应与口蹄疫、羊传染性脓疱等疾病进行区别。

(1)与口蹄疫 口蹄疫为高度接触性传染疾病,牛、猪易感性强,感染发病临床症状典型而明显。蓝舌病主要通过库蠓叮咬传播,且蓝舌病病毒不感染猪,人工接种不能使豚鼠感染。口蹄疫的糜烂性病理损害是由于水疱破溃而发生,蓝舌病虽有上皮脱落和糜烂,但不形成水疱。

(2)与羊传染性脓疱 羊传染性脓疱在羊群中以幼龄羊发病率为高,患病羊口唇、鼻端出现丘疹和水疱,破溃以后形成疣状厚痂,痂皮下为增生的肉芽组织。病羊特别是年龄较大者,一般不显严重的全身症状,无体温反应。采集局部病变组织进行电镜负染检查,可发现呈线团样编织构造的典型羊口疮病毒。

【防治措施】

第一,加强口岸检疫和运输检疫,严禁从有本病的国家和地区引进牛、羊及其冻精、胚胎。为防止本病传入,进口动物应选在媒介昆虫不活动的季节。

第二,加强国内疫情监测,非疫区一旦发生本病,要采取果断措施,扑杀、销毁处理发病羊和同群动物,污染环境严格消毒。

第三,流行地区,可用蓝舌病灭活疫苗或弱毒疫苗进行免疫接种。控制、消灭本病媒介昆虫——库蠓,防止其叮咬家畜,夏、秋季节提倡在高燥地区放牧并驱赶畜群回圈舍过夜。

第四,病羊应加强营养,精心护理,避免烈日曝晒、风雨侵袭,喂以优质易消化的饲料,每天用刺激性小的消毒液冲洗口腔和蹄部,发生继发感染时可选用磺胺类药物以及抗生素进行治疗。

山羊关节炎-脑炎

山羊关节炎-脑炎是由山羊关节炎-脑炎病毒引起的山羊的一种慢性病毒性传染病。本病的主要特征是成年山羊呈缓慢发展的关节炎，间或伴有间质性肺炎或间质性乳房炎；而2～6月龄的羔羊则表现为上行性麻痹的脑脊髓炎症状。

【病　原】

山羊关节炎-脑炎病毒在分类上属于反转录病毒科、慢病毒属。本病毒核酸类型为单股RNA。本病毒与梅迪-维斯纳病毒同属于慢病毒属，血清学试验有交叉反应，两种病毒可通过分析基因组核酸序列进行区别，基因组有15%～30%的同源性。山羊胎儿滑膜细胞常用于分离山羊关节炎-脑炎病毒，病料接种后15～20小时，病毒开始增殖，24小时后细胞出现融合现象，5～6天细胞层布满大小不一的多核巨细胞。试验证明，合胞体的形成是病毒复制的象征。山羊关节炎-脑炎病毒虽能在山羊睾丸细胞、山羊胎肺细胞、山羊角膜细胞等进行复制，但不引起细胞病变。

【诊断要点】

流行特点　山羊是本病的主要易感动物。自然条件下，本病只在山羊之间相互传染发病，绵羊不感染。病羊和隐性带毒羊为主要传染源。感染羊可通过粪便、唾液、呼吸道分泌物、阴道分泌物、乳汁等排出病毒，污染环境。病毒主要经吮乳而感染羔羊，污染的牧草、饲料、饮水以及用具、器物可成为传播媒介，消化道是主要的感染途径。各种年龄的羊均有易感性，而以成年羊感染发病居多。感染母羊所产羔羊当年发病率为16%～19%，病死率高达100%。感染羊，在良好的饲养管理条件下，多不出现临床症状或症状不明显，只有通过血清学检查，才被发现。一旦饲养管理不良、长途运输或遭受到环境应激因素的刺激，则表现出临床症状。

临床症状 依据临床表现，一般分为3种病型：脑脊髓炎型、关节炎型和肺炎型，多为独立发生。

(1)脑脊髓炎型 潜伏期53～131天。脑脊髓炎型主要发生于2～6月龄山羊羔，也可发生于较大年龄的山羊。病初病羊精神沉郁、跛行，随即四肢僵硬，共济失调，一肢或数肢麻痹，横卧不起，四肢划动。有些病羊眼球震颤，角弓反张，头颈歪斜或做圆圈运动，有时面神经麻痹，吞咽困难或双目失明。少数病例兼有肺炎或关节炎症状。病程半月至数年，最终死亡。

(2)关节炎型 关节炎多发生于1岁以上的成年山羊，多见腕关节肿大、跛行，膝关节和跗关节也可发生炎症。一般症状缓慢出现，病情逐渐加重。也可突然发生。发炎关节周围的软组织水肿，起初发热、波动，疼痛敏感，进而关节肿大，活动不便，常见前膝跪地爬行。个别病羊肩前淋巴结和腘淋巴结肿大。发病羊多因长期卧地、衰竭或继发感染而死亡。病程较长，多为1～3年。

(3)肺炎型 肺炎型病例在临床上较为少见。患羊进行性消瘦、衰弱，咳嗽，呼吸困难，肺部叩诊有浊音，听诊有湿啰音。各种年龄的羊均可发生，病程3～6个月。

除上述3种病型外，哺乳母羊有时发生间质性乳房炎。

病理变化 病变多见于神经系统、四肢关节、肺脏及乳房。

(1)脑脊髓炎型 小脑和脊髓白质有5毫米大小的棕红色病灶。组织病理学观察，呈现中枢神经系统的非化脓性脑炎以及颈部脊髓的脱髓鞘现象。

(2)关节炎型　发病关节肿胀、波动，皮下浆液渗出。关节滑膜增厚并有出血点。滑膜常与关节软骨粘连。关节腔扩张，充满黄色或粉红色液体，内有纤维素絮状物。病理组织学检查呈慢性滑膜炎，淋巴细胞和单核细胞浸润，严重者发生纤维素性坏死。

(3)肺炎型　肺脏轻度肿大，质地变硬，表面散在灰白色小点，切面呈斑块状实变区。支气管淋巴结和纵隔淋巴结肿大。病理组织学检查发现细支气管以及血管周围淋巴细胞、单核细胞浸润，肺泡上皮增生，小叶间结缔组织增生，邻近细胞萎缩或纤维化。

乳腺炎病例，病理组织学检查可见血管、乳导管周围以及腺叶间有大量淋巴细胞、单核细胞和巨细胞渗出，间质常发生灶状坏死。少数病例肾脏表面有1～2毫米的灰白色小点，组织学检查见广泛性肾小球肾炎。

实验室诊断

(1)病原学检查

①病料采集　用于病毒分离的材料，一般采集病变关节滑液囊的渗出液、乳汁或血液；病理组织学检查应取扑杀病羊或新鲜尸体的小脑、脊髓、病肺、关节滑膜及关节周围软组织作为病料；也可采集血液分离血清用于血清学试验。

②直接镜检　取病山羊的关节滑膜制作超薄切片，负染后置电镜下观察，可发现颗粒较大的山羊关节炎-脑炎病毒。

③分离培养　无菌采集关节滑液囊渗出液或病羊乳汁接种于山羊关节滑膜细胞培养物中，5～6天可于单层细胞上出现大小不一的多核巨细胞，观察到合胞体形成，说明本病毒已在培养细胞中增殖。也可用其他培养细胞进行山羊关节炎-

脑炎病毒的增殖。

④动物接种试验　采集患羊关节滑液囊液经消化道感染1周岁以上的易感山羊和2～4周龄的山羊羔，经过较长的潜伏期，成年山羊出现与自然病例相似的关节炎症状，山羊羔多表现为脑脊髓炎症状，病理学变化也与自然病例相同。

(2)血清学试验　诊断山羊关节炎-脑炎最常用的血清学方法有琼脂扩散试验和酶联免疫吸附试验，特别适用于检出隐性感染动物。但血清学试验尚不能区分山羊关节炎-脑炎病毒和梅迪-维斯纳病毒。

类症鉴别　山羊关节炎-脑炎通常应与梅迪-维斯纳病进行鉴别。

自然情况下，山羊关节炎-脑炎只感染山羊，梅迪-维斯纳病主要感染绵羊，也可感染山羊。通过病毒基因组核酸序列分析，可对两种病毒进行区别。

【防治措施】

第一，勿从有本病的国家或地区引进种山羊。引入羊坚持严格检疫，而且入境后继续单独隔离观察，定期复查，确认健康后，才能转入正常饲养繁殖或投入使用。提倡自繁自养，防止本病由外地传入。

第二，本病目前尚无疫苗和特异性治疗药物可供使用，主要以加强饲养管理和卫生防疫工作为主，羊群定期检疫，及时淘汰血清学反应阳性羊。

痒　病

痒病又称慢性传染性脑炎，又名驴跑病、瘙痒病或震颤病，是由痒病朊病毒引起的成年绵羊（也可见于山羊）的一种缓慢发展的中枢神经系统变性疾病。临床特征是潜伏期特别长，患病羊共济失调、皮肤剧痒、精神委顿、麻痹、衰弱、瘫痪，最终死亡。痒病是历史最久的传染性海绵状脑病，可谓传染性海绵状脑病的原型。羊群遭受本病感染后，很难清除，几乎每年都有不少羊因患该病死亡或被淘汰。痒病的危害不仅是羊群死亡淘汰损失，更重要的是失去了活羊、羊精液、羊胚胎以及有关产品的市场，对养羊业危害极大。

【病　原】

痒病的病原体具有与普通病原微生物不同的生物学特性，目前定名为朊病毒，或称蛋白侵染因子，迄今未发现其含有核酸。痒病朊病毒可人工感染多种实验动物。动物机体感染后不发热，不产生炎症，无特异性免疫应答反应。痒病朊病毒对各种理化因素抵抗力强。紫外线照射、离子辐射以及热处理均不能使朊病毒完全灭活。痒病朊病毒在37℃经20%甲醛溶液处理18小时、0.35%甲醛溶液处理3个月不完全灭活。在10%～20%甲醛溶液中可存活28个月。感染脑组织在4℃条件下经12.5%戊二醛或19%过氧乙酸作用16小时也不完全灭活。在20℃条件下置于100%乙醇内2周仍具有感染性。痒病动物的脑悬液可耐受pH值2.1～10.5环境达24小时以上。痒病朊病毒不被多种核酸酶（RNA酶和DNA酶）灭活。5摩尔/升氢氧化钠、90%苯酚、5%次氯酸钠、碘酊、6～8摩尔/升尿素、1%十二烷基磺酸钠对痒病病原体有很强的灭活作用。

【诊断要点】

流行特点　不同性别、品种的羊均可发生痒病，但品种间存在着明显的易感性差异，如萨福克种绵羊更为敏感。痒病具有明显的家族史，在品种内某些受感染的谱系发病率高。

一般发生于2～5岁的绵羊，5岁以上的和1岁半以下的羊通常不发病。患病羊或潜伏期感染羊为主要传染源。痒病可在无关联的羊间水平传播，患羊不仅可以通过接触将病原传给绵羊或山羊，也可垂直传播给后代。健康羊群长期放牧于污染的牧地（被病羊胎膜污染），也可引起感染发病。通常为散发，感染羊群内只有少数羊发病，传播缓慢。小鼠、仓鼠、大鼠和水貂等实验动物均可人工感染痒病。羊群一旦感染痒病，很难根除，几乎每年都有少数患羊死于本病。

临床症状 自然感染潜伏期1～3年或更长。起病大多是不知不觉的。早期，病羊敏感、易惊。有些病羊表现有攻击性或离群呆立、不愿采食。有些病羊则容易兴奋，头颈抬起，眼凝视或目光呆滞。大多数病例通常出现行为异常、瘙痒、运动失调及痴呆等症状，头颈部以及腹肋部肌肉发生频细震颤。瘙痒症状有时很轻微以至于观察不到。用手抓搔患羊腰部，常发生伸颈、摆头、咬唇或舔舌等反射性动作。严重时患羊皮肤脱毛、破损甚至撕脱。病羊常啃咬腹肋部、股部或尾部；或在墙壁、栅栏、树干等物体上摩擦痒部皮肤，致使被毛大量脱落，皮肤红肿发炎甚至破溃出血。病羊常以一种高举步态运步，呈现特殊的驴跑步样姿态或雄鸡步样姿态，后肢软弱无力，肌肉颤抖，步态蹒跚。病羊体温一般不高，可照常采食，日渐消瘦，体重明显下降，常不能跳跃，遇沟坡、土堆、门槛等障碍时，反复跌倒或卧地不起。病程数周或数月，甚至1年以上，少数病例也取急性经过，患病数日即突然死亡。病死率高达100％。

病理变化 除见尸体消瘦、被毛脱落以及皮肤损伤外，常无肉眼可见的病理变化。组织病理学检查，突出的变化是中枢神经系统的海绵样变性。自然感染的病羊以中枢神经系统神经元的空泡变性和星状胶质细胞肥大增生为特征，病变通常是非炎症性的，且两侧对称。大量的神经元发生空泡化，胞质内出现一个或多个空泡，呈圆形或卵圆形，界限明显，胞核常被挤压于一侧甚至消失。神经元空泡化主要见于延髓、脑桥、中脑和脊髓。星状细胞肥大增生为弥漫性或局灶性，多见于脑干的灰质和小脑皮质内。大脑皮质常无明显的变化。

实验室诊断 痒病的临诊症状具有特征性，结合流行病学分析（如由疫区购进种羊或患病动物父母代有痒病病史等），一般可做出诊断。确诊通常进行组织病理学检查、异常朊病毒蛋白（PrP^{SC}）的免疫学检测、痒病相关纤维（SAF）检查等实验室检验。必要时可做动物接种试验。

类症鉴别 痒病通常需与梅迪-维斯纳病、羊螨病和虱病等疾病相区别。

（1）与梅迪-维斯纳病 痒病在临诊表现上具有特征性，病羊瘙痒，组织病理学检查，中枢神经系统呈海绵样变性，神经元发生空泡化，星状胶质细胞肥大增生，与梅迪-维斯纳病不同。此外，梅迪-维斯纳病，可用免疫血清学方法检出抗体，而痒病则不能。

（2）与螨病、虱病 螨病、虱病虽然能引起擦痒、咬伤、被毛脱落、皮肤发炎等，仔细检查，可发现螨、虱等寄生虫。

【防治措施】

第一，严禁从有痒病的国家和地区引进种羊、精液以及羊胚胎。引入动物时，严格口岸检疫，引入羊在检疫隔离期间发现痒病应全部扑杀、销毁，并进行彻底消毒，以除后患。不得从有病国家和地区购入含反刍动物蛋白的饲料。

第二，无病地区发生痒病，应立即申报，同时采取扑杀、隔离、封锁、消毒等措施，并进行疫情监测。

第三，本病目前尚无有效的预防和治疗措施。常用的消毒方法有：①焚烧；②5%～10%氢氧化钠溶液作用 1 小时；③0.5%～1%次氯酸钠溶液作用 2 小时；④浸入 3%十二烷基磺酸钠溶液煮沸 10 分钟。

绵羊肺腺瘤病

绵羊肺腺瘤病又名绵羊肺癌或驱赶病，是由绵羊肺腺瘤病病毒引起的一种慢性、接触传染性肺脏肿瘤病。病的特征为潜伏期长，肺泡和支气管上皮进行性肿瘤性增生，病羊消瘦、咳嗽，呼吸困难，终归死亡。

【病　原】

绵羊肺腺瘤病病毒被认为是一种反转录病毒，在绵羊肺腺瘤病的肿瘤匀浆和肺组织中发现有 RNA 及依赖 RNA 的 DNA 反转录酶。本病毒有完整或不完整的衣壳，具有囊膜，病毒的核衣壳呈二十面体对称，内有单股 RNA。本病毒抵抗力不强，56℃经 30 分钟可灭活，对氯仿和酸性环境敏感。－20℃条件下病肺细胞里的病毒可存活数年。病毒组织培养较为困难，可于易感绵羊的支气管上皮细胞内增殖，气管内接种易感羔羊，10～22 个月后，在其肺内可产生病变。

【诊断要点】

流行特点　各种品种和年龄的绵羊均能发病，以美利奴绵羊的易感性为高，临床发病多为 3～5 岁的绵羊，2 岁以内的羊较少出现症状。除绵羊外，山羊也可发生。病羊是主要传染来源，病羊通过咳嗽、喘气将病毒排出，经呼吸道使附近的易感羊感染。羊群拥挤，尤其在密闭的圈舍中，有利于本病的传播。气候寒冷，可使病情加重，也容易引起感染羊继发细菌性肺炎，致使病程缩短，死亡增多。

临床症状 潜伏期很长，半年至2年不等。人工感染的潜伏期长达3～7个月。只有成年绵羊和较大的羊才能见到临床症状，病羊逐渐出现虚弱、消瘦、呼吸困难等症状。病初，病羊因剧烈运动而呼吸加快，随病程的发展，呼吸快而浅表，吸气时常见头颈伸直、鼻孔扩张。病羊常有湿性咳嗽。当支气管分泌物积聚于鼻腔时，则出现鼻塞音，低头时，分泌物自鼻孔流出。分泌物检查，可见增生的上皮细胞。肺部叩诊、听诊，有湿啰音和肺实变区。疾病后期，病羊衰竭、消瘦、贫血，但仍可站立。体温一般正常。病羊常继发细菌性感染，引起化脓性肺炎，导致急性、有时可能呈发热性病程。病羊最终因虚脱而死亡，病死率高达100％。

病理变化 病变主要局限于肺部及胸部。早期病羊肺尖叶、心叶、膈叶前缘等部位出现弥散性小结节，质地硬，稍突出于肺表面，切面可见颗粒状突起物，反光性强。随病程的进展，肺脏出现大量肿瘤组织构成的结节，粟粒至枣子大小。有时，一个肺叶的结节增生、融合而形成较大的肿块。继发感染时则形成大小不一的脓肿。患区胸膜增厚，常与胸壁、心包膜粘连。支气管淋巴结、纵隔淋巴结增大，也形成肿块。体腔内常集聚有少量的渗出液。

实验室诊断

(1)病原学检查

①病料采集 一般采集病羊肺部的腺瘤组织以及鼻腔分泌物(病的后期，抬起病羊后肢，可收集大量的水样分泌物)。进行病理组织学检查的标本应采集肺脏腺瘤组织连同其周围的肺组织。

②直接镜检 病肺组织或细胞培养物做超薄切片，负染

后在电镜下观察绵羊肺腺瘤病病毒。

③分离培养　将病肺组织制成悬液接种于人胎成纤维细胞或绵羊胎肺细胞，可产生细胞病变。本病毒不能在鸡胚中增殖。

④动物接种试验　将病羊的肺组织或鼻腔分泌物接种于易感羊的气管内，经过 14 个月后，将实验羊扑杀，可发现感染羊肺脏内的腺瘤病变。若用感染的细胞培养物气管内接种羔羊，经 10～22 个月，在羔羊肺部出现腺瘤病变。

(2)血清学试验　人工感染羔羊群，感染后 1 个月采集血清做琼脂凝胶扩散试验即有呈现阳性反应的羊，2 个月后阳性率达 50％以上，6 个月时所有羊的血清都呈现阳性反应，且可以保持终生。本法既适于群体检疫，又适于个体检疫。除琼扩试验外，补体结合反应、病毒中和试验、荧光抗体技术以及酶联免疫吸附试验也可用于绵羊肺腺瘤病的诊断或检疫。

类症鉴别　绵羊肺腺瘤病应与巴氏杆菌病、梅迪-维斯纳病以及蠕虫性肺炎等肺部疾患进行区别诊断。绵羊肺腺瘤病的一个很重要的特点是，在疾病症状明显期可从病羊鼻腔采集到大量的水样分泌物。

(1)与巴氏杆菌病　羊巴氏杆菌病是一种急性、热性传染病，病羊全身症状严重而明显，体温升高达 41℃～42℃。有些病羊剧烈腹泻，粪便恶臭。病羊颈部、胸部发生水肿，肺脏淤血、点状出血或发生实变；肝脏常有坏死性病灶；胃肠道出血性炎症。采集血液、病变组织，可分离出多杀性巴氏杆菌。

(2)与梅迪-维斯纳病　绵羊肺腺瘤病与梅迪-维斯纳病在临床症状上类似，均引起慢性、进行性的肺炎症状，但病理组织学变化上不同，绵羊肺腺瘤病以增生性、肿瘤性肺炎为主要特征，病理切片观察，可发现肺泡上皮细胞和细支气管上皮细胞异型性增生，形成腺样构造；而梅迪-维斯纳病则以间质性肺炎为特征，间质增厚变宽，平滑肌增生，支气管和血管周围淋巴样细胞浸润。也可通过血清学试验进行区别。

(3)与蠕虫病　蠕虫性肺炎在病理剖检和组织切片中均可发现虫体，易与绵羊肺腺瘤病进行区别。

【防治措施】

第一，严禁从有本病的国家、地区引进羊。进口绵羊时，加强口岸检疫工作，引进羊应严格隔离观察，证明无病后，方可混入大群饲养。

第二，本病目前尚无有效的治疗方法，也无特异性的预防制剂可供使用。羊群一经传入本病，很难清除，故须全群淘汰，以消除病原，并通过建立无绵羊肺腺瘤病的健康羊群，逐步消灭本病。

梅迪-维斯纳病

梅迪-维斯纳病是由梅迪-维斯纳病病毒引起的成年绵羊的一种慢性传染病。本病的特征是潜伏期长，病程缓慢，临诊表现为间质性肺炎或脑膜炎。病羊衰弱、消瘦，终归死亡。梅迪和维斯纳原来是用来描述绵羊的两种不同临床症状的词汇，其含义分别是呼吸困难和消瘦，目前已知这两种病症是由同一种病毒所引起的慢性增生性传染病。

【病　原】

梅迪-维斯纳病病毒在分类上属于反转录病毒科、慢病毒属。病毒的核酸类型为单股 RNA。成熟的病毒粒子呈球形，病毒在感染细胞的细胞膜上以出芽方式释放。病毒可在绵羊脉络丛、肺、睾丸、肾和唾液腺细胞内增殖，引起特征性的细胞病变。培养细胞形成大量的多核巨细胞，每个巨细胞内有2～20 个细胞核，随后发生细胞病变。病毒主要存在于感染宿主的肺脏、纵隔淋巴结、脾脏等组织。本病毒对乙醚、氯仿、乙醇、间位过碘酸盐和胰酶敏感。病毒可被 0.1%甲醛溶液、4%酚和 50%酒精灭活。

【诊断要点】

流行特点 梅迪-维斯纳病主要是绵羊的一种疾病，山羊也可感染。本病发生于所有品种的绵羊，无性别的区别，发病者多为 2～4 岁的成年绵羊。病羊和潜伏期感染羊为主要传染源。自然感染是由于吸入了病羊排出的含有病毒的飞沫所致，可能经胎盘或乳汁垂直传播。易感绵羊经肺内注射病羊肺细胞的分泌物或血液也可发生感染。也可通过污染的饲料、饮水以及牧草经消化道感染。本病多散发，发病率因地域而异。饲养密度过大会助长本病的传播流行。

临床症状 梅迪-维斯纳病潜伏期很长，易感动物在接触病毒 1～3 年后才出现临诊症状，随后呈进行性病程。

(1)梅迪病(呼吸道型) 梅迪病患羊首先表现为放牧时掉群，出现干咳，随之呼吸困难日渐加重。病羊鼻孔扩张，头高仰，呼吸频数，听诊或叩诊可闻啰音和浊音区。病羊体温一般正常，呈现慢性、进行性间质性肺炎，体重下降，逐渐消瘦、衰弱，最终死亡。病程一般为 2～5 个月甚至数年，病死率高。

(2)维斯纳病(神经型) 维斯纳病病羊最初表现为步样异常，运动失调和轻瘫，特别是后肢，易失足和发软。轻瘫逐渐加重最后发生全瘫。有些病例头部也有异常表现，口唇和眼睑震颤，头偏向一侧。病情缓慢进展并恶化，四肢陷入对称性麻痹而死亡。病程数月甚至数年。感染绵羊可终身带毒，大多数羊只并不出现临床症状。

病理变化

(1)梅迪病　主要见于肺脏及周围淋巴结。病肺体积和重量均增大 2～4 倍，呈淡灰黄色或暗红色，触之有橡皮样感觉。肺脏组织致密，质地如肌肉，以膈叶的变化最为严重，心叶、尖叶次之。仔细观察，在胸膜下散在许多针尖大小、半透明、暗灰白色的小点。肺小叶间质明显增宽，呈暗灰色细网状花纹，在网眼中显出针尖大小的暗灰色小点。病肺切面干燥，如滴加 50%～98%醋酸，很快会出现针尖大小的小结节。支气管淋巴结肿大，平均重量可达 40 克(正常为 10～15 克)，切面均质发白。

(2)维斯纳病　眼观病变不显著。病理组织学变化主要为弥漫性脑膜脑炎，脑膜及血管周围淋巴细胞和小胶质细胞增生、浸润并出现血管套现象。大脑、小脑、脑桥、延髓和脊髓白质内出现弥漫性脱髓鞘现象，在脑膜附近形成脱髓鞘腔。

实验室诊断

(1)病原学检查

①病料采集　通常采集脑、脊髓和肺脏、唾液腺以及鼻分泌物等作为病料；病羊血清中含有特异性抗体，可采集病羊血液分离血清用于血清学检查。

②直接镜检　采集病羊的病肺组织做超薄切片，负染后进行电镜检查，或将病肺组织制成乳剂，经差速离心处理，再以硫酸铵或聚乙二醇浓缩并通过柱层析纯化后，用磷钨酸负染，在电镜下观察。梅迪-维斯纳病病毒颗粒呈球形，直径为 80～110 纳米，外有单层或双层囊膜，囊膜上有纤突。病毒在感染细胞内以出芽方式释放。

③细胞培养　用病羊血液、脑脊髓液或病变组织悬液接种于绵羊或山羊脑室管膜或脉络丛细胞，2～3 周产生细胞病

变，形成多核的巨细胞，细胞被破坏。也可采集病羊白细胞与健康敏感细胞共同培养，易分离获得病毒。或者直接用受感染的羊脑、肺等组织经胰酶消化后进行培养，分离病毒。

④动物接种试验　采集病羊肺脏组织制成病料悬液，经鼻内或静脉接种易感绵羊，1个月后扑杀剖检，感染羊肺部出现梅迪病的病变。采集维斯纳病病羊脑组织制成悬液，脑内接种易感绵羊，不久感染羊脑脊髓液出现淋巴细胞增多，并出现维斯纳病的神经症状和病理组织学变化。

(2)血清学试验　可用琼脂扩散试验、补体结合试验以及病毒中和试验等血清学方法检测病羊血清中的抗体。

类症鉴别　梅迪-维斯纳病通常应与绵羊肺腺瘤病、痒病等疾病进行鉴别。

(1)与绵羊肺腺瘤病　梅迪-维斯纳病与绵羊肺腺瘤病在临诊上均表现为进行性病程，很难区别。主要通过病理组织学检查进行鉴别：绵羊肺腺瘤病以增生性、肿瘤性肺炎为主要特征，可发现肺泡上皮细胞和细支气管上皮细胞异型性增生，形成腺样构造；梅迪病则以间质性肺炎为特征，间质增厚变宽，平滑肌增生，支气管和血管周围淋巴样细胞浸润。也可通过血清学试验进行区别。

(2)与痒病　某些不呈瘙痒症状的痒病患羊，在临床症状上可能与维斯纳病相似，可经病理组织学检查进行区别。痒病患羊的特异性变化是神经元空泡化，即海绵样变性；维斯纳病病羊则呈现弥漫性脑膜脑炎变化，具有明显的细胞浸润和血管套现象，并发生弥漫性脱髓鞘变化。

【防治措施】

第一，应从未发生本病的国家或地区引进绵羊和山羊。动物在出口前30天，进行梅迪-维斯纳病琼脂扩散试验检测，结果阴性者方可启运。口岸检疫中，如发现梅迪-维斯纳病阳性动物，则做退回或扑杀销毁处理，同群动物严格隔离观察。

第二，本病迄今尚无特异性疫苗供免疫接种，也无有效的治疗方法。应防止健康羊群与病羊接触，发病羊及时隔离、淘汰。病尸和污染物应销毁或做无害化处理。圈舍、饲管用具应用2%氢氧化钠溶液或4%石炭酸消毒。定期用血清学试验检测羊群，淘汰有临诊症状的羊以及血清学反应阳性的羊及其后代，以清除本病，净化羊群。

第四章　羊的主要寄生虫病

片形吸虫病

片形吸虫病是羊的主要寄生虫病之一，是由肝片形吸虫和大片形吸虫寄生于羊的肝脏胆管所致。本病能引起急性或慢性肝炎和胆管炎，并伴发全身性中毒现象和营养障碍。幼羊及绵羊常因此病导致大批死亡。慢性和隐性患羊可因消瘦、发育不良及毛、乳产量显著降低而造成严重损失。

【病　原】

肝片形吸虫　虫体外观呈扁平叶状，体长 20～35 毫米，宽 5～13 毫米(图 4-1)。自胆管内取出的鲜活虫体为棕红色，固定后呈灰白色。其前端呈圆锥状突起，称头锥。头锥基部扩展变宽，形成肩部，肩部以后逐渐变窄。体表生有许多小棘。口吸盘位于头锥的前端，腹吸盘在肩部水平线中部。生殖孔开口于腹吸盘前方。虫体的消化系统由口、咽、食管和左右分开的两条肠管组成，每条肠管上又有许多侧小分枝。生殖系统为雌雄同体。两个分枝状的睾丸前后排列于虫体的中后部。1 个鹿角状分枝的卵巢位于腹吸盘后方的右侧。卵模位于紧靠睾丸前方的虫体中央。在卵模与腹吸盘之间为盘曲的子宫，内充满黄褐色的虫卵。卵黄腺由许多褐色小滤泡组成，分布在虫体两侧。

虫卵呈椭圆形，黄褐色；长 120～150 微米，宽 70～80 微米；前端较窄，有一不明显的卵盖，后端较钝。在较薄而透明

图 4-1　肝片形吸虫成虫

的卵内,充满卵黄细胞和 1 个胚细胞。

大片形吸虫　成虫呈长叶状,长 33～76 毫米,宽 5～12 毫米。大片形吸虫与肝片形吸虫的区别在于:虫体前端无显著的头锥突起,肩部不明显;虫体两侧缘几乎平行,前后宽度变化不大,虫体后端钝圆;腹吸盘较大,吸盘腔向后延长,并形成盲囊;肠管的内侧分枝较多,并有明显的小枝;睾丸分枝较少,所占的空间及其长度也较小。

虫卵呈深黄色,长 150～190 微米,宽 75～90 微米。

【生活史】

肝片形吸虫的成虫寄生于羊及其他宿主的胆管内,产出的虫卵随胆汁进入消化道,并与粪便一同排出体外。虫卵在适宜的温度(15℃～30℃)和充足的氧气、水分及光照条件下,经 10～25 天孵化出毛蚴。毛蚴在水中游动,通常只能生存 1～2 昼夜,其生活期间如遇中间宿主各种椎实螺(小土蜗、截口土蜗、椭圆萝卜螺及耳萝卜螺),则侵入其体内,经过胞蚴、母雷蚴、子雷蚴各阶段发育,最后形成大量的尾蚴自螺体逸出。尾蚴附着于水生植物上或在水面上形成囊蚴,羊等终末宿主在吃草或饮水时吞食了囊蚴即遭受感染,并移行到胆管寄生。

在小肠内脱囊的童虫向胆管移行的途径有 3 条:一是穿过肠壁进入腹腔,经肝包膜和肝实质到达寄生部位;二是钻入肠粘膜,进入肠静脉,经门脉循环到达肝脏,并最终移行至胆管;三是可通过胆道在十二指肠的开口处逆行到达胆囊和胆管。童虫在羊体内移行时，尤其是经腹腔和肝实质移行过程中，可造成肠壁和肝组织的损伤，引起急性肝炎、腹膜炎和内出血等。囊蚴进入羊体并在胆管内发育为成虫，需3～4个月。成虫可在宿主体内生存3～5年，其大多数虫体1年左右可自行排出体外。

大片形吸虫的生活史与肝片形吸虫相似。

【诊断要点】

临床症状　该病的症状表现因感染强度(约有50条虫会出现明显症状)、病程长短、羊的抵抗力、年龄及饲养条件不同而异，幼羊轻度感染即可表现症状。

急性型症状多发生于夏末秋初，是因短时间内遭受严重感染所致。慢性型症状较多见于患羊耐过急性期或轻度感染后，在冬、春季转为慢性。急性型病羊，初期发热，衰弱，易疲劳，离群落后；叩诊肝区半浊音界扩大，压痛明显；很快出现贫血，粘膜苍白，红细胞及血红素显著降低，严重者多在几天内死亡。慢性型病羊，主要表现消瘦，贫血，粘膜苍白，食欲不振，异嗜，被毛粗乱无光泽，且易脱落，步行缓慢；眼睑、颌下、胸前及腹下出现水肿；便秘与腹泻交替发生，病情逐渐恶化，最终可因极度衰竭而死亡。

病理变化　病理变化主要呈现在肝脏，其变化程度与感染虫体的数量及病程长短有关。

在大量感染、急性死亡的病例中，可见到急性肝炎和大出血后的贫血现象。肝肿大，包膜有纤维沉积，有2～5毫米长的暗红色虫道，虫道内有凝固的血液和少量幼虫。腹腔中有血红色的液体，有腹膜炎病变。

慢性病例主要呈现慢性增生性肝炎，在肝组织被破坏的部位出现淡白色索状瘢痕。肝实质萎缩、退色、变硬，边缘钝圆，小叶间结缔组织增生。胆管肥厚、扩张呈绳索样突出于肝表面；胆管内有磷酸钙和磷酸镁等盐类的沉积使内膜粗糙，刀切时有沙沙声；胆管内有虫体和污浊稠厚的液体。病尸出现消瘦、贫血和水肿现象；胸腹腔及心包内蓄积有透明的液体。

实验室检查 检查虫卵可采用直接涂片或水洗沉淀法进行集卵。直接涂片法操作简便，但其虫卵的检出率较低；水洗沉淀法操作较为复杂，可提高虫卵的检出率。

直接涂片检查时，首先在载玻片上滴几滴50%甘油水溶液或清洁常水，与少量待检粪便充分混匀，除去粗渣，将粪液涂成略小于盖片的薄膜，加盖玻片后镜检。涂片应制作5～8片以上检查为宜。

采用水洗沉淀法时，可由直肠取粪5～10克，加入10～20倍清水，混匀后用纱布或通过40～60目筛孔过滤；滤液经静置或离心沉淀，倒去上层浑浊液体，再加入清水与沉渣混匀后沉淀，反复进行2～3次，直至上层液体清亮为止；最后倾去上层液体，吸取沉淀物制片，用显微镜观察有无虫卵。应注意将本病虫卵与前后盘吸虫虫卵相区别。

对急性病例，因虫体尚未发育成熟，粪便检查不易发现虫卵，必须结合病理剖检，检查肝脏和胆管中是否有大量童虫存在。

此外，应用免疫诊断法，如酶联免疫吸附试验、沉淀反应、补体结合反应、对流电泳和间接血凝等，也可取得较好的诊断效果。

【防治措施】

防治该病，必须采取综合性防治措施，才能取得较好的效果。其主要措施如下：

定期驱虫 驱虫是预防和治疗的重要方法之一。在进行预防性驱虫时，驱虫的次数和时间必须与当地的具体情况及条件相结合。通常情况下，每年如进行1次驱虫，可在秋末冬初进行；如进行2次驱虫，另1次驱虫可在翌年的春季进行。

粪便处理 及时对羊舍内的粪便进行堆肥发酵，以便利用生物热杀死虫卵。

饮水及饲草卫生 尽可能避免在沼泽、低洼地区放牧，以免感染囊蚴。饮水最好用自来水、井水或流动的河水，保持水源清洁卫生。有条件的地区可采用轮牧方式，以减少感染机会。

消灭中间宿主 肝片形吸虫的中间宿主椎实螺生活在低洼阴湿地区，可结合水土改造，破坏椎实螺的生活条件。流行地区应用药物灭螺时，可选用1∶50 000的硫酸铜溶液或2.5∶1 000 000的血防67对椎实螺进行浸杀或喷杀。

药物治疗 驱除片形吸虫的药物，常用的有下列几种：

(1) 丙硫咪唑(抗蠕敏) 为广谱驱虫药，对驱除片形吸虫的成虫有良效，剂量按每千克体重5～15毫克，口服。

(2) 硝氯酚(拜耳9015) 驱成虫有高效，剂量按每千克体重4～5毫克，口服；或按每千克体重0.75～1毫克深部肌内注射。

(3) 三氯苯唑(肝蛭净) 对成虫和童虫均有高效驱杀作用，剂量按每千克体重12毫克，口服。患羊用药后14天肉才能食用，乳10天后才能饮用。

(4) 溴酚磷(蛭得净) 对成虫和童虫均有良效，剂量按每千克体重16毫克，口服。

(5) 五氯柳胺(氯羟杨苯胺) 驱成虫有高效，剂量按每千克体重15毫克，口服。

(6) 碘醚柳胺 对成虫和6～12周的未成熟童虫都有效，剂量按每千克体重7.5毫克，口服。

(7) **硝碘酚腈** 对成虫和童虫均有较好的驱杀作用,剂量按每千克体重 30 毫克,口服。本药在羊体内残留时间较长,投药 1 个月后肉、乳才能食用。

(8) **双酰胺氧醚** 对 1～6 周龄肝片形吸虫童虫有高效,但随虫龄的增长,药效也随之降低。用于治疗急性期的病例,剂量按每千克体重 100 毫克,口服。

(9) **硫双二氯酚(别丁)** 驱成虫有效,但使用后有较强的泻下作用。剂量按每千克体重 80～100 毫克,口服。体质较差或腹泻严重的患羊,慎用或禁用本药。

歧腔吸虫病

歧腔吸虫病是由矛形歧腔吸虫和中华歧腔吸虫等寄生于家畜肝脏的胆管和胆囊内所引起的疾病。该病在全国各地均有发生,尤其是我国西北、东北地区及内蒙古最为常见。虫体可寄生于绵羊、山羊、牛、鹿、骆驼、猪、马属动物、犬、兔、猴等,也偶见于人。本病主要危害反刍动物,牛、羊严重感染时甚至会导致死亡。

【病　原】

矛形歧腔吸虫 虫体扁平、透明,呈棕红色,肉眼可见到内部器官;表面光滑,前端尖细,后端较钝,呈矛状;体长 5～15 毫米、宽 1.5～2.5 毫米。腹吸盘大于口吸盘。睾丸两个,近圆形或稍分叶,前后排列或斜列于腹吸盘之后。睾丸后方偏右侧为卵巢和受精囊,卵黄腺呈小颗粒状,分布于虫体中部两侧。虫体后部为充满虫卵的曲折子宫(图 4-2 之 1)。

虫卵呈卵圆形或椭圆形,暗褐色,卵壳厚,两侧稍不对称;大小为 38～45 微米×22～30 微米。虫卵一端有明显的卵盖，卵内含毛蚴。

中华歧腔吸虫 虫体扁平、透明，腹吸盘前方体部呈头锥样，其后两侧较宽似肩样突起；体长 3.5～9 毫米，宽 2.03～3.09 毫米。两个睾丸呈不整圆形，边缘不整齐或稍分叶，并列于腹吸盘之后。睾丸之后为卵巢。虫体后部充满子宫。卵黄腺分列于虫体中部两侧（图 4-2 之 2）。

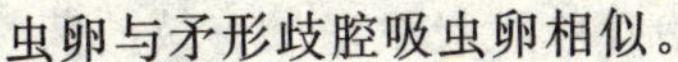
虫卵与矛形歧腔吸虫卵相似。

图 4-2 歧腔吸虫

1. 矛形歧腔吸虫
2. 中华歧腔吸虫

【生活史】

歧腔吸虫在发育过程中，需要两个中间宿主，第一中间宿主为多种陆地蜗牛，第二中间宿主为蚂蚁。成虫在终末宿主的胆管或胆囊内产出的虫卵随胆汁进入肠内，并随粪便排出到外界。含有毛蚴的虫卵被陆地蜗牛吞食后，在其肠内孵出，穿过肠壁到肝脏中发育，经母胞蚴、子胞蚴发育成尾蚴。尾蚴从子胞蚴的产孔逸出，移行到蜗牛的呼吸腔，在此每 100～400 个尾蚴集中在一起形成尾蚴囊群，外被粘性物质成为粘球，粘球通过螺蛳呼吸孔排出。尾蚴粘球如被蚂蚁吞食后，在其体内形成囊蚴。羊或其他终末宿主在放牧时如吞食了含有囊蚴的蚂蚁则遭受感染，囊蚴在家畜肠道中脱囊，由十二指肠经胆道到达胆管或胆囊，需 72～85 天发育为成虫。

【诊断要点】

临床症状 羊的症状表现因感染强度不同而有所差异。轻度感染的羊，通常无明显症状。严重感染时，则表现为可视粘膜黄染，颌下水肿，消化紊乱，腹泻并逐渐消瘦，甚至可因极度衰竭而导致死亡。

病理变化 主要病变为胆管出现卡他性炎症变化和胆管壁肥厚，胆管周围结缔组织增生。肝脏发生硬变、肿大，肝表面粗糙，胆管扩张显露呈索状。在胆管和胆囊内可见寄生有数量不等的虫体。

实验室检查 主要依靠粪便水洗沉淀法查出虫卵，或对死羊进行剖检，在胆管、胆囊内找出虫体做出诊断。

【防治措施】

治疗 对病羊可选用下列药物治疗：

(1) 海涛林 该药是治疗歧腔吸虫病最有效的药物，安全幅度大，对妊娠母羊及产羔均无不良影响；剂量按每千克体重 40～50 毫克，配成 2%悬浮液，口服。

(2) 丙硫咪唑 剂量按每千克体重 30～40 毫克，口服。

(3) 六氯对二甲苯(血防 846) 剂量按每千克体重200～300 毫克，口服。

(4) 噻苯唑 剂量按每千克体重 150～200 毫克，口服。

(5) 吡喹酮 剂量按每千克体重 65～80 毫克，口服。

预防 与肝片形吸虫病相同，应以定期驱虫为主；同时加强羊群的饲养管理，以提高其抵抗力；注意消灭中间宿主，阻断病原的传播途径及传染来源；粪便应进行堆积发酵处理，以杀灭虫卵。

阔盘吸虫病

阔盘吸虫病是由阔盘属的数种吸虫寄生于宿主的胰管中所引起的疾病，也称胰吸虫病。此外，虫体也可寄生于胆管和十二指肠。本病除发生于牛、羊等反刍动物外，还可感染猪、兔、猴和人等。我国东北、西北及南方各地均有本病流行。羊患此病后，可表现腹泻、贫血、消瘦和水肿等症状，严重时可引起死亡。

【病　原】

寄生于牛、羊等反刍动物的阔盘吸虫主要有胰阔盘吸虫、腔阔盘吸虫和枝睾阔盘吸虫，其中以胰阔盘吸虫最为常见。

胰阔盘吸虫　虫体扁平、较厚，呈棕红色。虫体长 8～16 毫米，宽 5～5.8 毫米，呈长卵圆形。口吸盘大于腹吸盘。咽小，食管短。两个睾丸呈圆形或稍分叶，位于腹吸盘水平线的稍后方，左右排列。雄茎囊呈长管状，位于腹吸盘前方与肠管分支处之间。生殖孔位于肠管分支处稍后方。卵巢分叶 3～6 瓣，位于睾丸之后、虫体中线附近。卵黄腺呈颗粒状，成簇排列，分布于虫体中部两侧。子宫弯曲，充于虫体后部。两条排泄管沿肠管外侧走向于虫体两侧(图 4-3 之 1)。

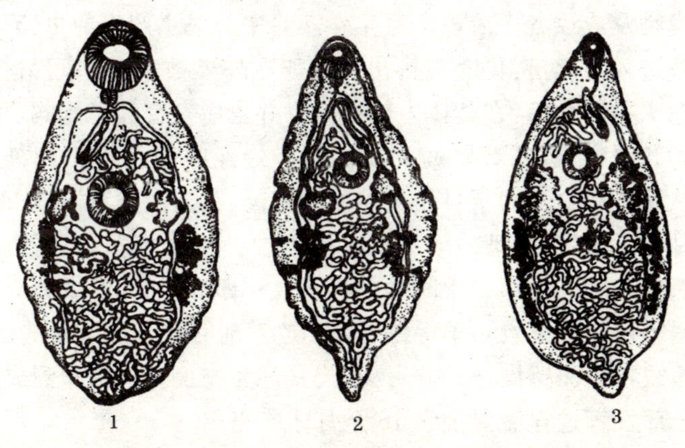

图 4-3　阔盘吸虫

1. 胰阔盘吸虫　2. 腔阔盘吸虫　3. 枝睾阔盘吸虫

虫卵呈黄棕色或深褐色，椭圆形，两侧稍不对称，一端有卵盖，大小为 42～53 微米×23～38 微米。卵壳厚，内含毛蚴。

腔阔盘吸虫　虫体较为短小，呈短椭圆形，体后端有一明显的尾突，虫体长 7.48～8.05 毫米，宽 2.73～4.76 毫米。卵巢多呈圆形整块，少数有缺刻或分叶。睾丸大都为圆形或椭圆形，少数有不整齐的缺刻(图 4-3 之 2)。虫卵大小为 34～47 微米×26～36 微米。

枝睾阔盘吸虫　虫体呈前尖后钝的瓜子形，长 4.49～7.9毫米，宽 2.17～3.07 毫米。口吸盘略小于腹吸盘，睾丸大而分枝，卵巢分叶 5～6 瓣(图 4-3 之 3)。虫卵大小为 45～52 微米×30～34 微米。

【生活史】

阔盘吸虫的发育须经虫卵、毛蚴、母胞蚴、子胞蚴、尾蚴、囊蚴及成虫各个阶段。寄生在胰管中的成虫产出的虫卵随胰液进入消化道，再随粪排出。虫卵在外界被第一中间宿主陆地蜗牛吞食后，在其体内孵出毛蚴并依序发育为母胞蚴、子胞蚴和尾蚴，包裹着尾蚴的成熟子胞蚴经呼吸孔排出到外界。从蜗牛吞食虫卵至排出成熟的子胞蚴，在温暖季节需 5～6 个月，夏季以后感染的蜗牛则大约经过 1 年才能发育成熟。成熟的子胞蚴被第二中间宿主草螽或针蟀吞食后，经 23～30 天尾蚴发育为囊蚴。羊等终末宿主吃草时吞食了含有囊蚴的草螽或针蟀而感染，经 80～100 天发育为成虫。从虫卵到成虫，全部发育过程需要 10～16 个月才能完成。

【诊断要点】

临床症状　阔盘吸虫大量寄生时，由于虫体刺激和毒素作用，使胰管发生慢性增生性炎症，胰管的管腔变窄小甚至闭塞,胰消化酶的产生和分泌及糖代谢功能失调,引起消化及营养障碍。患羊消化不良,消瘦,贫血,颌下及胸前水肿,衰弱,经常腹泻,粪中常有粘液,严重时可引起死亡。

病理变化 尸体消瘦,胰腺肿大,胰管因高度扩张呈黑色蚯蚓状突出于胰脏表面。胰管发炎肥厚,管腔粘膜不平,呈乳头状小结节突起,并有点状出血,内含大量虫体。慢性感染因结缔组织增生而导致整个胰脏硬变、萎缩,胰管内有数量不等的虫体寄生。

实验室检查 粪检虫卵时,可采用直接涂片法或水洗沉淀法。通常以改进的水洗沉淀法效果较好。方法是直肠取粪3～5克,置于300毫升烧杯内,加少量水捣碎搅拌混合,依次通过100目、200目和250目3种纱网的过滤,每次滤完都要以少量净水冲洗纱网。3次滤完后的粪液再反复水洗沉淀4～5次,每次10～15分钟,直到上清液清亮为止。最后吸取沉渣,制片镜检虫卵。

【防治措施】

治疗 可选用下列药物:

(1) 六氯对二甲苯 剂量按每千克体重400毫克,口服3次,每次间隔2天。

(2) 吡喹酮 口服时,剂量按每千克体重65～80毫克;肌内注射或腹腔注射时,剂量按每千克体重50毫克,并以液状石蜡或植物油(灭菌)制成20%油剂。腹腔注射时应防止注入肝脏或肾脂肪囊内。

预防 本病流行地区应在每年初冬和早春各进行1次预防性驱虫;有条件的地区可实行划区放牧,以避免感染;应注意消灭其第一中间宿主蜗牛(其第二中间宿主草螽在牧场广泛存在,扑灭甚为困难);同时加强饲养管理,以增加畜体的抗病能力。

前后盘吸虫病

前后盘吸虫病是由前后盘科的各属吸虫寄生所引起的疾病。成虫寄生在羊、牛等反刍动物的瘤胃和网胃壁上，危害不大。幼虫因在发育过程中移行于皱胃、小肠、胆管和胆囊，可造成较严重的病害，甚至导致死亡。该病遍及全国各地，南方较北方更为多见。

【病　原】

前后盘吸虫种属很多，虫体大小互有差异，有的仅长数毫米，有的则长达 20 余毫米；颜色可呈深红色、淡红色或乳白色；虫体在形态结构上也有不同程度的差异。其主要的共同特征为：虫体柱状，呈长椭圆形、梨形或圆锥形；两个吸盘中，腹吸盘位于虫体后端，并显著大于口吸盘，因口、腹吸盘位于虫体两端，好似两个口，所以又称为双口吸虫（图 4-4）。现列举我国常见虫种中的两种如下：

鹿前后盘吸虫　新鲜虫体呈淡红色，圆锥形，稍向腹面弯曲。体长 5～13 毫米，宽 2～4 毫米。后吸盘较口吸盘大 2.5～8 倍。无咽，肠管分两支终于后吸盘的背侧。睾丸 2 个，呈椭圆形或稍分叶，前后排列于虫体后部。卵巢圆形，位于睾丸之后。卵黄腺呈颗粒状，分布于虫体两侧，从食管末端直达后吸盘。子宫弯曲，生殖孔开口于肠管分支处稍后方的腹面。

虫卵椭圆形，淡灰色；长 110～170 微米，宽 70～100 微米；有卵盖，内含圆形胚细胞，卵黄细胞不充满虫卵。

殖盘吸虫　虫体白色，近圆锥形，其形态和鹿前后盘吸虫类似；长 8～10.8 毫米，宽 3.2～3.41 毫米；有肥厚的食管球，肠管略有弯曲，终止于卵巢边缘；睾丸前后排列。虫体的主要特征是生殖吸盘环绕于生殖孔的周围。虫卵长112～136 微米，宽 68～72 微米。

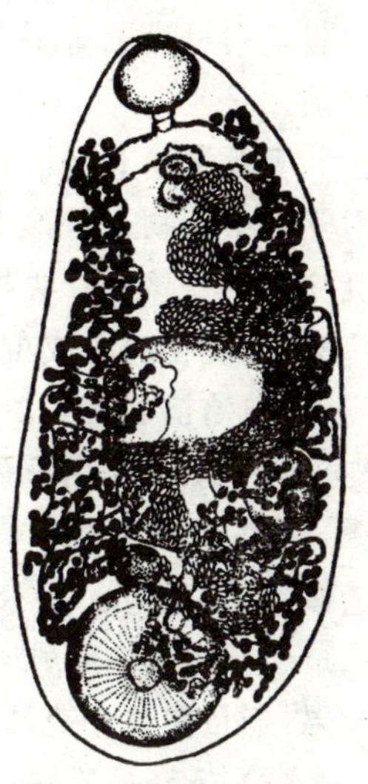

图 4-4　前后盘吸虫的成虫

【生活史】

前后盘吸虫的发育与肝片吸虫很相似，只需 1 个中间宿主，其中间宿主为淡水螺。前后盘吸虫的成虫在反刍动物瘤胃产卵，卵随粪一起排出体外，在适宜的温度（26℃～30℃）条件下，经 12～13 天孵出毛蚴，进入水中，遇到适宜的中间宿主即钻入其体内，发育形成胞蚴、雷蚴、子雷蚴及尾蚴，尾蚴成熟后离开中间宿主，附着在水草上形成囊蚴。羊等终末宿主吞食了附有囊蚴的水草而感染。童虫在小肠、皱胃粘膜下组织、胆管、胆囊、大肠、腹腔液甚至肾盂中移行寄生3～8周，最终到达瘤胃内发育为成虫。

【诊断要点】

临床症状　患羊主要症状是顽固性腹泻，粪便常有腥臭味；体温有时升高；消瘦，贫血，颌下水肿，粘膜苍白。后期可因极度衰竭而死亡。

病理变化　剖检可见童虫移行造成的小肠、皱胃粘膜水肿，形成出血点及发生出血性肠炎，严重时肠粘膜出现坏死和纤维素性炎症；肠内充满腥臭的稀粪；盲肠、结肠淋巴滤泡肿胀、坏死，有的形成溃疡；胆管、胆囊膨胀；在小肠、皱胃及胆管和胆囊内可见数量不等的童虫。成虫寄生时，其造成的损害轻微。

实验室检查 诊断要结合临床症状和流行病学情况，应用驱童虫药物进行诊断性治疗；当成虫寄生时，可用粪便水洗沉淀法或直接涂片法检查虫卵；死后诊断则依据剖检的病变情况，发现相应的成虫或童虫后确诊。

【防治措施】

治疗 可选用下列药物：

(1) 氯硝柳胺(灭绦灵) 该药对驱除童虫疗效良好，剂量按每千克体重75～80毫克，口服。

(2) 硫双二氯酚 驱成虫疗效显著，驱童虫也有较好的效果，剂量按每千克体重80～100毫克，口服。

(3) 溴羟替苯胺 驱成虫、童虫均有较好的疗效，剂量按每千克体重65毫克，制成悬浮液，灌服。

(4) 六氯对二甲苯 驱成虫疗效较好，剂量按每千克体重200毫克，每天1次，灌服，可连用2次。

预防 可参照片形吸虫病，并根据当地的具体情况和条件，制定以定期驱虫为主的预防措施。

血吸虫病

羊的血吸虫病是由分体科，分体属和东毕属的吸虫寄生在门静脉、肠系膜静脉和盆腔静脉内，引起贫血、消瘦与营养障碍等疾患的一种蠕虫病。分体属的血吸虫寄生于人、绵羊、山羊、水牛、黄牛、猪、马属动物、犬、猫、家兔和30多种野生动物，流行于长江以南包括台湾省在内的十余个省、自治区，是危害十分严重的人畜共患寄生虫病。东毕属的各种吸虫分布较广，几乎遍及全国，宿主范围包括绵羊、山羊、黄牛、水牛、骆驼、马属动物及一些野生动物。

东毕吸虫不引起人的血吸虫病，仅其尾蚴可引起人的皮肤炎症，但不能在人体内进一步发育。

【病　原】

分体属　该属在我国仅有日本分体吸虫（图 4-5）1 种。虫体呈细长线状。雄虫乳白色，体长 10～20 毫米，宽 0.5～0.97 毫米。口吸盘在体前端；腹吸盘较大，具有粗而短的柄，位于口吸盘后方不远处。体壁自腹吸盘后方至尾部两侧向腹面卷起形成抱雌沟，通常雌虫居于沟内呈合抱状态。睾丸 7 个，呈椭圆形，单行排列在腹吸盘的下方。食管在腹吸盘的背面处分成两支肠管，这两支肠管在虫体的后 1/3 处又合并为单盲管。雌虫呈暗褐色，体长 12～26 毫米，宽约 0.3毫米。卵巢呈椭圆形，位于虫体中部偏后方两肠管合并处前方。卵模在卵巢的前部。卵黄腺呈较规则的分枝状，位于虫体后 1/4 部。子宫自卵模延至腹吸盘后方的生殖孔处，内含虫卵 50～300 个。

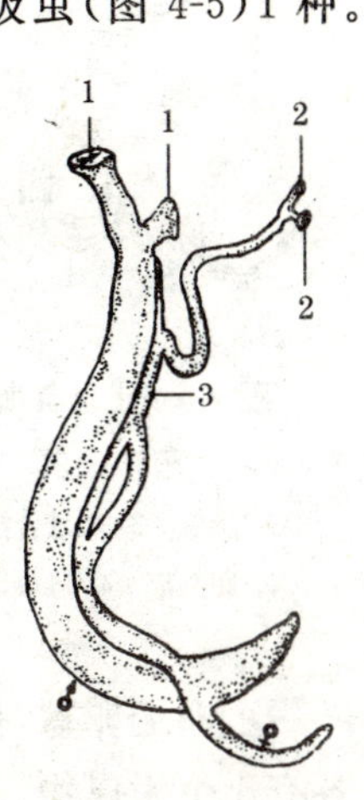

图 4-5　日本分体吸虫雌雄合抱

1. 口吸盘　2. 腹吸盘　3. 抱雌沟

虫卵呈短卵圆形，淡黄色，长 70～100 微米，宽 50～80 微米。卵壳薄，无盖，在卵壳一端侧上方有一小刺，卵内含毛蚴。

东毕属　东毕属中较重要的虫种有土耳其斯坦东毕吸虫（图 4-6）、彭氏东毕吸虫、程氏东毕吸虫和土耳其斯坦结节变种。

土耳其斯坦东毕吸虫虫体呈线状。雄虫乳白色，体表平

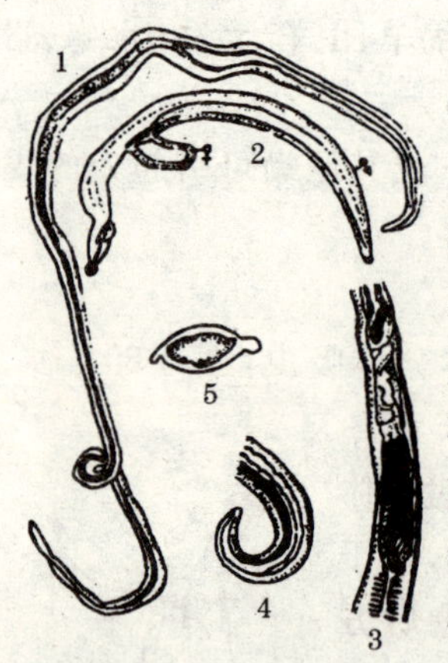

图 4-6 土耳其斯坦东毕吸虫

1. 雌虫 2. 雌雄合抱 3. 卵巢部 4. 雌虫尾部 5. 虫卵

滑无结节；体长 4.2～8 毫米，宽 0.36～0.42 毫米；口、腹吸盘均不发达；腹吸盘后体壁向腹面卷曲形成抱雌沟（雌雄虫体通常也呈合抱状态）；睾丸 70～80 个，颗粒状，呈不规则的双行排列于腹吸盘的下方，也有个别虫体以单行排列。雌雄虫的两肠管支也在虫体后部吻合为单盲管，伸达虫体末端。雌虫呈暗褐色，体长 3.4～8 毫米，宽0.07～0.12 毫米；卵巢呈螺旋形，位于两肠管合并处前方；卵黄腺位于卵巢之后的单肠管两侧，达肠管末端；子宫短，在卵巢前方；子宫内通常只有 1 个虫卵。

虫卵无卵盖，长 72～77 微米，宽 18～26 微米。卵的两端各有 1 个附属物，一端的比较尖，另一端的钝圆。

【生活史】

日本分体吸虫与东毕吸虫的发育过程大体相似，包括虫卵、毛蚴、母胞蚴、子胞蚴、尾蚴、童虫及成虫等阶段。其不同之处是：日本分体吸虫的中间宿主为钉螺，东毕吸虫为多种椎实螺；此外，它们在宿主范围、各个幼虫阶段的形态及发育所需时间等方面也有所区别。其发育过程如下：

雌虫在寄生的静脉末梢产卵，产出的虫卵一部分随血流到达肝脏，一部分沉积在肠粘膜下层的静脉末梢。肠壁上的虫卵在血管内成熟后，虫卵内毛蚴分泌的溶细胞物质使虫卵周围肠组织发炎、坏死、破溃，虫卵进入肠道随粪便排出体外，并在外界水中孵出毛蚴。毛蚴遇中间宿主钉螺或椎实螺即迅速钻入螺体内，经母胞蚴、子胞蚴和尾蚴阶段的发育后，尾蚴离开螺体入水中。羊等终末宿主饮水或放牧时，尾蚴即钻入羊皮肤或通过口腔粘膜进入体内，体内的虫体也可通过胎盘感染胎儿。在终末宿主体内的童虫又侵入小血管或淋巴管，随血流到达其寄生部位发育为成虫。

【诊断要点】

临床症状 日本分体吸虫大量感染时，病羊出现腹泻，粪中带有粘液、血液，体温升高，粘膜苍白，日渐消瘦，生长发育受阻，可导致不妊或流产。通常绵羊和山羊感染日本分体吸虫时症状较轻。感染东毕吸虫的羊多取慢性过程，主要表现为颌下、腹下水肿，贫血，黄疸，消瘦，发育障碍及影响受胎，发生流产等，如饲养管理不善，最终可导致死亡。

病理变化 尸体明显消瘦、贫血和出现大量腹水；肠系膜，大网膜，甚至胃肠壁浆膜层出现显著的胶样浸润；肠粘膜有出血点、坏死灶、溃疡、肥厚或瘢痕组织；肠系膜淋巴结及脾变性、坏死；肠系膜静脉内有成虫寄生；肝脏病初肿大，后则萎缩、硬变；在肝脏和肠道处有数量不等的灰白色虫卵结节；心、肾、胰、脾、胃等器官有时也可发现虫卵结节。

实验室检查 可采用水洗沉淀法，镜检可疑病羊粪便中有无虫卵的存在。也可应用毛蚴孵化法查找毛蚴，其方法是，将水洗沉淀物倒入三角瓶中，加清水至离瓶口约 1 厘米处，温度保持在 20℃～30℃，24 小时内观察 3～4 次，如出现形状大小一致、针尖形、透明发亮、有折光性并在水面下方 4 厘米以内的水中做水平或略斜向直线运动的虫体，则为毛蚴。此外，也可刮取直肠粘膜做压片，镜检虫卵。

免疫学诊断包括皮内反应、环卵沉淀反应、补体结合反应、间接血凝试验、对流免疫电泳和酶联免疫吸附试验等方法，对证明是否感染具有一定的参考价值。

【防治措施】

该病危害严重，宿主范围广泛且生活史复杂，综合防治已成为一项十分浩大的系统工程。

定期驱虫 及时对人、畜进行驱虫和治疗，并做好病畜的淘汰工作。

消灭中间宿主 结合水土改造工程或用灭螺药物杀灭中间宿主，阻断血吸虫的发育途径。

粪便管理 在疫区内可以将人、畜粪便进行堆积发酵和制造沼气，既可增加肥效，又可杀灭虫卵。

用水管理 选择无螺水源，实行专塘用水或用井水，以杜绝尾蚴的感染。

安全放牧 全面合理规划草场建设，逐步实行划区轮牧；夏季防止家畜涉水，避免感染尾蚴。

药物治疗

(1) 硝硫氰胺(7505) 剂量按每千克体重4毫克，配成2%～3%水悬液，颈静脉注射。

(2) 吡喹酮 剂量按每千克体重20～30毫克，1次口服。

(3) 硝硫氰醚(7804) 剂量按每千克体重60～80毫克，灌服。

(4) 六氯对二甲苯 剂量按每千克体重700毫克，平均分成7份，每天1次，连用7天，灌服。

脑多头蚴病

脑多头蚴病(脑包虫病)是由于多头多头绦虫的幼虫——

脑多头蚴寄生在绵羊、山羊的脑、脊髓内，引起的脑炎、脑膜炎及一系列神经症状，甚至死亡的严重寄生虫病。脑多头蚴还可危害黄牛、牦牛、猪、马甚至人类。成虫则寄生于犬、狼、狐、豺等肉食兽的小肠。该病散布于全国各地，并多见于犬活动频繁的地区。

【病　原】

脑多头蚴　呈囊泡状，囊体可由豌豆大至鸡蛋大，囊内充满透明液体，在囊的内壁上有 100～250 个原头蚴，原头蚴直径 2～3 毫米(图 4-7 之 3)。

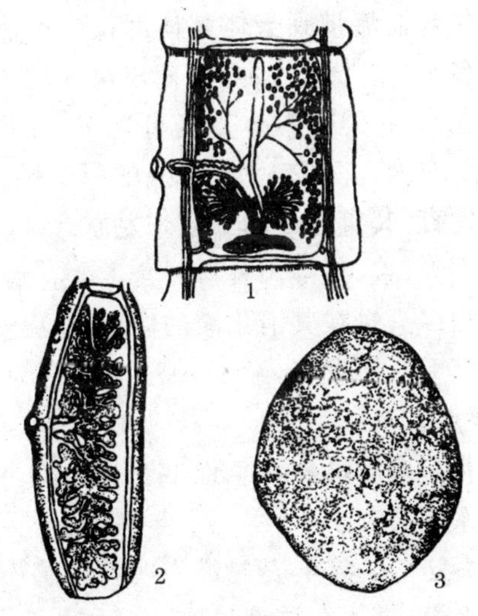

图 4-7　多头多头绦虫节片与脑多头蚴

1. 成熟节片　2. 孕卵节片　3. 脑多头蚴

多头多头绦虫　虫体长 40～100 厘米，由 200～500 个节片组成。头节有 4 个吸盘，顶突上有 22～32 个小钩，分做两圈排列。成熟节片呈方形或长大于宽，节片内有睾丸 200 个左右，卵巢分两叶，大小几乎相等。孕卵节片内子宫每侧的分枝数为18～26个（图4-7之1,2）。卵为圆形，直径一般为20～37微米。

【生活史】

成虫多头多头绦虫寄生于犬、狼、狐、豺等肉食兽的小肠内，发育成熟后，其孕节片脱落，随粪便排出体外，释放出大量虫卵，污染草场、饲料或饮水，当这些虫卵被中间宿主羊、牛等吞食后，误食的虫卵在其消化道中孵出六钩蚴，随即钻入肠粘膜血管内随血流到达脑和脊髓，经2～3个月发育为脑多头蚴。如六钩蚴被血流带到身体其他部位则不能继续发育，并迅速死亡。多头蚴在羔羊脑内发育较快，一般在感染2周时能发育至粟粒大，6周后囊体直径可达2～3厘米，经8～13周发育到3.5厘米，并具有发育成熟的原头蚴。囊体经7～8个月后停止发育，其直径可达5厘米左右。

终末宿主犬、狼、狐等肉食兽吞食了含有脑多头蚴的动物脑、脊髓后，脑多头蚴在其消化液的作用下，囊壁溶解，原头蚴附着在小肠壁上开始发育，经41～73天发育为成虫。

【诊断要点】

临床症状　该病可分为急性型和慢性型，症状取决于寄生部位和病原体的大小。

(1) 急性型　以羔羊表现最为明显。感染之初，由于六钩蚴进入脑组织，虫体在脑膜和脑组织中移行，刺激和损伤造成脑部炎症，使体温升高，脉搏、呼吸加快，甚至有强烈的兴奋，患羊做回旋运动，前冲或后退，有痉挛性抽搐等。有时沉郁，长时间躺卧，脱离羊群。部分病羊在5～7天内因急性脑膜炎死亡，不死者则转为慢性型。

(2) 慢性型　患羊耐过急性期后，症状表现逐渐消失，经

2～6 个月的和缓期，由于脑多头蚴不断发育长大，再次出现明显症状。当脑多头蚴寄生在羊大脑某半球时，除向被虫体压迫的同侧做转圈运动外，还常造成对侧的视力障碍，甚至失明。虫体寄生在大脑正前部时，常见羊头下垂向前做直线运动，碰到障碍物时则头抵物体呆立不动。脑多头蚴在大脑后部寄生时，主要表现为头高举或做后退运动，甚至倒地不起，并常有强直性痉挛出现。虫体寄生在小脑时，病羊站立或运动常失去平衡，身体共济失调，易跌倒，对外界干扰和音响易惊恐。脑多头蚴寄生在脊髓时，表现步伐不稳，进而引起后肢麻痹；当膀胱括约肌发生麻痹时，则出现尿失禁。此外，患羊还表现食欲减退，甚至消失。由于不能正常采食和休息，体重逐渐减轻，显著消瘦、衰弱，常在数次发作后陷于恶病质时死亡。

病理变化 急性死亡的羊见有脑膜炎和脑炎病变，还可见到六钩蚴在脑膜中移行时留下的弯曲伤痕。慢性期的病例则可在脑或脊髓的不同部位发现 1 个或数个大小不等的囊状多头蚴；在病变或虫体相接的颅骨处，骨质松软、变薄，甚至穿孔，致使皮肤向表面隆起；病灶周围脑组织发炎，有时可见萎缩变性或钙化的脑多头蚴。

该病患羊因表现出一系列特异神经症状，容易确诊，应注意与莫尼茨绦虫病、羊鼻蝇蛆病及其他脑部疾患所出现的神经症状相区别，这些病一般不会出现头骨变薄、变软和皮肤隆起的现象。

实验室检查 国内已有许多应用变态反应进行诊断研究的报道。即用脑多头蚴的囊壁及原头蚴制成乳剂变态反应原，注入羊的眼睑内，患羊于注射 1 小时后出现直径 1.75～4.2 厘米的皮肤肥厚肿大，并保持 6 小时。近年来采用酶联免疫吸附试验诊断，有较强的特异性和敏感性。此外，也可用X光或超声波等影像学方法诊断。

【防治措施】

治疗 该病可实施手术，摘除寄生在脑髓表层的虫体，即在脑多头蚴充分发育后，根据囊体所在的部位，手术开口并先用注射器吸去囊中液体，使囊体缩小，然后完整地摘除虫体。药物治疗可用吡喹酮，病羊按每千克体重每天50毫克，连用5天；或按每千克体重每天70毫克，连用3天。据报道，此种药物疗法可取得80％的疗效。

预防 该病的主要预防措施是：防止犬等肉食兽吃到带有脑多头蚴的脑和脊髓；对患畜的脑和脊髓应烧毁或深埋；对护羊犬应进行定期驱虫；注意消灭野犬、狼、狐、豺等终末宿主，以防病原进一步的散布。

棘球蚴病

棘球蚴病也称包虫病，是由数种棘球绦虫的幼虫——棘球蚴寄生于绵羊、山羊、牛、马、猪、骆驼及人的肝、肺等脏器组织中所引起的一种严重的人畜共患寄生虫病。成虫以肉食兽为终末宿主，寄生于犬、狼、豺、狐和狮、虎、豹等动物的小肠内。该病在我国分布较广，严重威胁着人类的生命安全，同时给畜牧业发展造成严重的危害。

【病　原】

羊的棘球蚴病主要由细粒棘球绦虫的幼虫——细粒棘球蚴所致。

细粒棘球蚴 呈多种多样的囊泡状，大小可由黄豆粒大至人头大，囊内充满液体。棘球蚴的囊壁由两层构成，外层为角皮层，内层为胚层。胚层上生长有许多原头蚴，还可向囊内生长出许多由小蒂连接或空泡化的生发囊。生发囊较小，常可由胚层脱落下来悬浮于棘球液中，其内壁也可生长出数量不等的原头蚴。棘球蚴的胚层或生发囊可在母囊内转化为子囊，子囊和母囊结构相同，同样产生原头蚴和生发囊。此外，子囊也可产生孙囊。这样，一个发育良好的棘球蚴内所产生的原头蚴可多达200万个。游离于囊液内的子囊、生发囊和原头蚴，肉眼看像砂粒状，称为棘球蚴砂或包囊砂。子囊、头节及胚层组织碎片如脱离母囊被逸散到各脏器组织中，都可能发育为独立的棘球蚴。有的胚层不一定长出原头蚴，无原头蚴的泡囊称为不育囊，不育囊也可长得很大。据统计，不育囊牛为90%，猪为20%，绵羊仅为8%，这表明绵羊是棘球蚴最适宜的宿主。

细粒棘球绦虫　虫体很小，全长2～7毫米，由1个头节和3～4个节片组成(图4-8)。头节宽0.3毫米，有顶突和4个吸盘，顶突上有两排小钩，共28～50个。成熟节片内包含雌雄生殖器官，睾丸32～80个，并有捻转状的输精管，梨形的雄茎囊和蹄铁形的卵巢，以及梅氏腺、卵黄腺和阴道。孕卵节片的子宫有12～15个侧支盲囊，内充满400～800个虫卵。虫卵长32～36微米，外被一层辐射线条状的胚膜，内含六钩蚴。

图4-8　细粒棘球绦虫

【生活史】

成虫细粒棘球绦虫寄生于犬、狼、狐等肉食兽小肠内，1只犬感染虫体的数量甚至可达数千条之多，其孕卵节片或虫卵随粪便排出体外。当羊、牛等中间宿主食人被孕卵节片或虫卵所污染的饲草、饲料或饮水后，虫卵内的六钩蚴在其消化道内孵出并钻入肠壁血管内，随血流到达肝脏停留下来发育为棘球蚴；六钩蚴也可继续随血流到达肺脏或身体的其他部位发育成为棘球蚴，在中间宿主体内棘球蚴的生长可持续数年之久。

终末宿主肉食兽吞食了含有棘球蚴包囊的内脏及组织后，其包囊内的原头蚴在小肠内逸出，固着于肠壁上，逐渐发育为成虫。

【诊断要点】

临床症状 轻度感染和感染初期通常无明显症状；严重感染的羊被毛逆立，时常脱毛，营养不良，消瘦。肺部感染时有明显的咳嗽，咳后往往卧地，不愿起立。

病理变化 病变主要见于虫体经常寄生的肝脏和肺脏。可见肝、肺表面凹凸不平，重量增大，有数量不等的棘球蚴囊泡突起，肝、肺实质中存在有数量不等、大小不一的棘球蚴包囊，囊内含有大量液体，除不育囊外，囊液沉淀后，即可见大量的包囊砂。有时棘球蚴发生钙化和化脓。此外，在脾、肾、脑、脊椎管、肌肉及皮下偶可见有棘球蚴寄生。

实验室检查 实验室可用 X 光或超声波检查确诊，但一般多用于人的手术定位。

免疫学诊断可采用皮内变态反应方法：在新鲜棘球蚴囊液内按 10 000：1 的比例加入硫柳汞，置冰箱过夜，使头节和生发囊沉淀，尔后通过无菌过滤，即制得不含原头蚴的囊液抗原。诊断时，取抗原 0.1～0.2 毫升，在羊颈部剪毛消毒后的皮肤上做皮内注射，注射后 5～15 分钟如注射局部出现直径 0.5～2 厘米的肿胀或水肿红斑，即为阳性。此法要求在对侧相应部位注射等量生理盐水做对照，以便鉴别。因变态反应可与其他绦虫蚴出现交叉反应，故仅有70%的准确率。此外，尚可应用间接血凝反应、酶联免疫吸附试验、金黄色葡萄球菌A蛋白酶联免疫吸附试验（PPA-ELISA）、斑点酶联免疫吸附试验（Dot-ELISA）、亲和素生物素酶联免疫吸附试验（ABC-ELISA）、酶标记对流免疫电泳（E-CIEP）、免疫荧光抗体等方法进行诊断。

【防治措施】

治疗 可选用下列药物：

（1）**丙硫咪唑** 剂量按每千克体重90毫克，每天1次，口服，连服2天。

（2）**吡喹酮** 剂量按每千克体重25～30毫克，每天1次，口服，连用5天。

预防 对患棘球蚴病畜的脏器一律进行深埋或烧毁，以防被犬或其他肉食兽吃入成为传染源。做好饲料、饮水及圈舍的清洁卫生工作，防止被犬粪污染。驱除犬的绦虫，要求每个季度进行1次（流行地区）。应用氢溴酸槟榔碱给犬驱虫时，剂量按每千克体重1～4毫克，停食12～18小时后，口服。也可选用吡喹酮，剂量按每千克体重5～10毫克，口服。服药后，犬应拴留1昼夜，收集所排出的粪便并与垫草等一同烧毁或深埋处理，以防止病原扩散传播。

细颈囊尾蚴病

细颈囊尾蚴病是由泡状带绦虫的幼虫——细颈囊尾蚴寄生于绵羊、山羊、黄牛、猪等多种家畜的肝脏浆膜、网膜及肠系膜所引起的一种绦虫蚴病。细颈囊尾蚴主要引起家畜尤其是羔羊、仔猪和犊牛的生长发育受阻，体重减轻，当大量感染时可因肝脏严重受损而导致死亡。其成虫则寄生于犬、狼、狐等肉食动物的小肠内。本病在全国各地均有不同程度的发生，羊发病多见于与犬接触较为密切的广大牧区。

【病 原】

细颈囊尾蚴 俗称水铃铛，多悬垂于腹腔脏器上。虫体呈泡囊状，内含透明液体。囊体大小不一，最大可至小儿头大。囊壁外层厚而坚韧，是由宿主动物结缔组织形成的包膜；虫体的囊壁薄而透明。肉眼观察时，可见囊壁上有 1 个不透明的乳白色结节，为其颈部和内陷的头节，如将头节翻转出来，则见头节与囊体之间具有 1 个细长的颈部。

泡状带绦虫 虫体长 75～500 厘米，链体由 250～300 个节片组成。头节上具 4 个吸盘，顶突上的小钩数为 30～40 个，分两圈排列。虫体前部的节片宽而短，后部的节片逐渐变长，到孕节则长大于宽。孕节子宫每侧的分枝数为 10～16 个，每个侧枝又有小分枝。子宫内为虫卵所充满，虫卵近似圆形，长 36～39 微米，宽 31～35 微米，内含六钩蚴。

【生活史】

成虫泡状带绦虫寄生于犬、狼、狐等肉食兽的小肠内，发育成熟后孕节或虫卵随粪便排出体外，污染草场、饲料和饮水。当中间宿主羊等误食了孕节或虫卵后，在消化道内孵化出六钩蚴，钻入肠壁血管，随血流到达肝脏，并由肝实质内逐渐移行到肝脏表面寄生，或进入腹腔内寄生于大网膜、肠系膜及腹腔的其他部位，甚至可进入胸腔寄生于肺脏。幼虫生长发育 3 个月左右具有感染能力。

终末宿主肉食动物如吞食了含有细颈囊尾蚴的脏器后，在小肠内经过 52～78 天发育为成虫。

【诊断要点】

细颈囊尾蚴病生前诊断非常困难，诊断时须参照其临床症状，并在尸体剖检时发现虫体及相应病变才能确诊。

临床症状 通常成年羊症状表现不明显，羔羊症状明显。当肝脏及腹膜在六钩蚴的作用下发生炎症时，可出现体温升高，精神沉郁，腹水增加，腹壁有压痛，甚至发生死亡。经过上述急性发作后则转为慢性病程，一般表现为消瘦、衰弱和黄疸等症状。

病理变化 慢性病例可见肝脏包膜、肠系膜、网膜上具有数量不等、大小不一的虫体泡囊，严重时还可在肺和胸腔处发现虫体。急性病程时，可见急性肝炎及腹膜炎，肝脏肿大、表面有出血点，肝实质中有虫体移行的虫道，有时出现腹水并混有渗出的血液，病变部有尚在移行发育中的幼虫。

【防治措施】

治疗 可试用吡喹酮，剂量按每千克体重 50 毫克。每天 1 次，口服，连服 2 次。或可试用丙硫咪唑或甲苯咪唑治疗。

预防 含有细颈囊尾蚴的脏器应进行无害化处理，未经煮熟严禁喂犬。在该病的流行地区应及时给犬进行驱虫，驱虫可用吡喹酮(5～10 毫克/千克体重)或丙硫咪唑(15～20 毫克/千克体重)，1 次口服。注意捕杀野犬、狼、狐等肉食兽。做好羊饲料、饮水及圈舍的清洁卫生工作，防止被犬粪污染。

羊囊尾蚴病

羊囊尾蚴病是由羊带绦虫的幼虫——羊囊尾蚴寄生于绵羊和山羊各组织中所引起的一种绦虫蚴病。该病在我国新疆和青海均有发生的报道，对当地的羊产业构成了一定的危害。

【病　原】

羊囊尾蚴　椭圆形，大小为4～9毫米×2～3毫米。为乳白色囊泡状，囊内充满无色透明液体。囊壁上有一内凹的头节，呈乳白色。羊囊尾蚴主要寄生于绵羊和山羊的心肌、膈肌、咬肌和舌肌等处，偶尔可见在肺脏、肝脏和脑组织中寄生。

羊带绦虫　虫体长45～100厘米，乳白色。头节上除具有4个吸盘外，尚有顶突，顶突上有24～36个小钩；成节有1组生殖器官系统；孕节内子宫每侧有20～25个侧枝。

【生活史】

成虫羊带绦虫寄生于犬、狼等犬科动物的小肠内，其成熟孕卵节片和虫卵随粪便排出体外，被其中间宿主羊吞食后，虫卵内的六钩蚴在胃肠逸出，钻入肠壁血管，随血流到达肌肉和其他组织，经2.5～3个月发育为成熟的囊尾蚴。

终末宿主犬、狼等食入含有羊囊尾蚴的肉品后，囊尾蚴在其小肠内头节翻出固着在肠壁粘膜上，约经7周发育为成虫。

【诊断要点】

羊囊尾蚴病的生前诊断相当困难，虫体寄生虽可导致羔羊发病，并造成死亡，但确诊往往需剖检后，在心肌、膈肌、咬肌、舌肌及肺、肝、脑组织中发现羊囊尾蚴才可做出。

【防治措施】

防治本病的主要措施包括：在流行地区给犬进行定期驱虫（方法参见棘球蚴病）；严禁以含羊囊尾蚴的肉品或内脏喂犬；防止犬粪污染圈舍、饮水及外界环境等。

反刍兽绦虫病

反刍兽绦虫病是由莫尼茨绦虫、曲子宫绦虫及无卵黄腺绦虫寄生于绵羊、山羊和牛的小肠所引起。其中莫尼茨绦虫危害最为严重，特别是羔羊、犊牛感染时，不仅影响生长发育，甚至可引起死亡。3 种绦虫既可单独感染，也可混合感染。该病在全国广泛分布，但在东北、华北和西北牧区流行更为普遍。

【病 原】

莫尼茨绦虫 常见有贝氏莫尼茨绦虫和扩展莫尼茨绦虫，两者外观难以区别。莫尼茨绦虫的虫体呈带状。由头节、颈节及链体部组成，全长可达 6 米，最宽处 16～26 毫米，呈乳白色。头节上有 4 个近于椭圆形的吸盘，无顶突和小钩。节片短而宽，后部的孕卵节片长宽几乎相等而呈方形。成熟节片具有两组生殖器官，在两侧对称分布，即卵巢和卵黄腺围绕着卵模构成圆环形，位于节片的两侧。其输精管、雄茎囊和雄茎均与雌性生殖管并列，也开口于节片两侧边缘的生殖孔内。睾丸有数百个，分布在节片的两条纵排泄管内侧，但靠近纵排泄管处较为稠密。扩展莫尼茨绦虫在每个节片后缘有 8～15 个泡状节间腺单行排列，其两端几达纵排泄管。贝氏莫尼茨绦虫的节间腺呈密集的小颗粒状，仅排列于节片后缘的中央部位。莫尼茨绦虫的孕卵节片内子宫会合呈网状，内含大量呈三角形、圆形或不整立方形的虫卵。虫卵长 50～60 微米，内含 1 个被梨形器包围的六钩蚴。

曲子宫绦虫 虫体可长达 2 米，宽约 12 毫米。每个节片有 1 组生殖器官，偶然也见 2 组。排列成环状的卵巢、卵黄腺和卵模靠近生殖孔一侧。生殖孔不规则地交替开口于节片边缘。睾丸位于纵排泄管外侧。孕节的子宫有许多弯曲，呈波浪状。在子宫侧枝的末端有许多子宫周围器。每个子宫周围器含有 3～8 个虫卵。虫卵近于圆形，无梨形器。

无卵黄腺绦虫 是反刍兽绦虫中较小的一类，虫体长2～3米，宽仅为3毫米左右。节片短，眼观分节不明显。每个节片有1组生殖器官，生殖孔也不规则地交替开口于节片边缘，无卵黄腺，卵巢位于生殖孔一侧，睾丸分布在纵排泄管的内外两侧，子宫在节片的中央。虫卵无梨形器，被包在大而壁厚的子宫周围器内。由于各节片中央的子宫相互靠近，肉眼观察能明显地看到虫体后部中央贯穿着1条白色的线状物。

【生活史】

莫尼茨绦虫和曲子宫绦虫的中间宿主均为地螨，而无卵黄腺绦虫的生活史尚不完全清楚，现仅确认弹尾目的长角跳虫为其中间宿主。寄生于羊、牛小肠的绦虫成虫，其孕卵节片和虫卵随粪便排出后，如被中间宿主吞食，则虫卵内的六钩蚴在中间宿主体内发育为似囊尾蚴。当终末宿主羊、牛等反刍动物在采食时连同牧草一起吞食了含有似囊尾蚴的中间宿主后，似囊尾蚴在反刍动物消化道逸出，附着在肠壁上逐渐发育为成虫。

【诊断要点】

临床症状 患羊症状表现的轻重通常与感染虫体的强度及体质、年龄等因素密切相关。一般可表现为食欲减退，出现贫血与水肿。羔羊腹泻时，粪中混有虫体节片，有时还可见虫体的一段吊在肛门处。被毛粗乱无光，喜躺卧，起立困难，体重迅速减轻。若虫体阻塞肠管时，则出现肠臌胀和腹痛表现，甚至因肠破裂而死亡。有时病羊也可出现转圈、肌肉痉挛或头向后仰等神经症状。后期，患羊仰头倒地，经常做咀嚼动作，口周围有泡沫，对外界反应几乎丧失，直至全身衰竭而死。

病理变化 剖检死羊可在小肠中发现数量不等的虫体；其寄生处有卡他性炎症，有时可见肠壁扩张，肠套叠乃至肠破裂;肠系膜、肠粘膜、肾脏、脾脏甚至肝脏发生增生性变性过程;肠粘膜、心内膜和心包膜有明显的出血点;脑内可见出血性浸润和出血;腹腔和颅腔贮有渗出液。

实验室检查 查找可疑羊的粪便中是否排出有虫体的节片,必要时也可用饱和盐水漂浮法进行虫卵检查。其方法是:取可疑粪便 5～10 克,加入 10～20 倍饱和盐水混匀,通过 60 目筛网过滤,滤过液静置 0.5～1 小时,则虫卵已充分上浮,用一直径 5～10 毫米的铁丝圈与液面平行接触以蘸取表面液膜,将液膜抖落在载玻片上,覆以盖玻片即可镜检。对因绦虫尚未成熟而无节片排出的患羊,可进行诊断性驱虫,如服药后发现排出虫体或症状明显好转,即可做出诊断。

【防治措施】

治疗 可选用下列药物:

(1) 丙硫咪唑 剂量按每千克体重 5～20 毫克,配成 1%的水悬液,口服。

(2) 氯硝柳胺 剂量按每千克体重 100 毫克,配成 10%的水悬液,口服。

(3) 硫双二氯酚 剂量按每千克体重 75～100 毫克,包在菜叶里口服,也可灌服。

(4) 吡喹酮 剂量按每千克体重 10～15 毫克,1 次口服。

(5) 甲苯咪唑 剂量按每千克体重 15 毫克,1 次口服。

(6)硫酸铜 使用时,可将其配制成 1%水溶液。为了使硫酸铜充分溶解,可在配制时每 1 000 毫升溶液中加入 1～4 毫升盐酸。配制的溶液应贮存于玻璃或木质的容器内。其治疗剂量为:1～6 月龄的绵羊 15～45 毫升;7 月龄至成年羊 50～100 毫升;成年山羊不超过 60 毫升。可用长颈细口玻璃瓶灌服。

(7) **仙鹤草根芽粉** 绵羊每只用量30克,1次口服。

预防 在虫体成熟前,即羊放牧后30天内进行第一次驱虫,再经10～15天后进行第二次驱虫,此法不仅可驱除寄生的绦虫,还可防止牧场或外界环境遭受病原污染。有条件的地区可实行科学轮牧。尽可能避免雨后、清晨和黄昏放牧,以减少羊吃入中间宿主——地螨的机会。结合牧场改良,进行深耕,种植优良牧草或农牧轮作,不仅能大量减少地螨还可提高牧草质量。

羊消化道线虫病

寄生于羊消化道的线虫种类很多,各种消化道线虫往往混合感染,对羊群造成不同程度的危害,是每年春乏季节造成羊死亡的重要原因之一。各种消化道线虫引起疾病的情况大致相似,其中以捻转血矛线虫危害最为严重。该病在全国各地均有不同程度的发生和流行,尤以西北、东北地区和内蒙古广大牧区更为普遍,常给养羊业带来严重损失。

【病 原】

捻转血矛线虫 寄生于皱胃,偶见于小肠。在皱胃中属大型线虫。虫体线状,呈粉红色,头端尖细,口囊小,内有一角质背矛。雄虫长15～19毫米,其交合伞的背肋偏于左侧,呈倒"Y"字形。雌虫长27～30毫米,由于红色的消化管和白色的生殖管相互缠绕,形成红白相间的外观,俗称麻花虫;阴门位于虫体后半部,有一拇指状的阴门盖。虫卵大小为75～95微米×40～50微米,无色,壳薄,新鲜虫卵内含16～32个胚细胞。

奥斯特线虫 寄生于皱胃。虫体呈棕色,也称棕色胃虫,长 4～14 毫米。雄虫交合伞由两个大的侧叶和 1 个小的背叶组成。1 对交合刺较短，末端分 2～3 个叉。雌虫阴门在体后部，子宫内的虫卵较小。

马歇尔线虫　寄生于皱胃，似棕色胃虫，但虫体较大。雄虫交合伞宽，背叶不明显，具有附加背叶；其外背肋和背肋细长，发自同一基部；背肋远端分成两枝，端部再分为 2 个小枝；交合刺粗短，远端也分 3 枝。雌虫子宫内虫卵较大。

毛圆线虫　寄生于小肠，偶可寄生于皱胃和胰脏。虫体小，长 5～6 毫米，呈淡红色或褐色。口囊不明显，缺颈乳突。排泄孔位于体前端，呈一凹陷。雄虫交合伞侧叶大，背叶极不明显；交合刺粗短且带扭转。雌虫阴门开口于虫体后半部。

细颈线虫　寄生于小肠或皱胃，为小肠内中等大小的虫体。虫体前部呈细线状，后部较粗。雄虫交合伞有两个大的侧叶和 1 个小的背叶；1 对交合刺细长，互相连结，远端包在一共同的薄膜内。雌虫阴门开口于虫体的后 1/3 或 1/4 处；尾端钝圆，带有 1 小刺。虫卵大，产出时内含 8 个胚细胞，易与其他线虫卵区别。

古柏线虫　寄生于小肠、胰脏，偶见于皱胃。虫体呈红色或淡黄色，大小与毛圆线虫相似，前端角皮膨大，并有许多横纹。雄虫交合伞侧叶大、背叶小；背肋分叉为“U”字形，并有侧小分枝；1 对交合刺粗短。

仰口线虫　寄生于小肠。虫体较粗大，前端弯向背面，故有钩虫之称。口囊大，内有齿及切板。雄虫交合伞发达，腹肋与侧肋起于同一总干，背肋系统的分枝不对称；有交合刺 1 对，等长。雌虫阴门位于虫体前 1/3 处的腹面，尾端尖细。

食道口线虫　寄生于大肠。虫体较大，呈乳白色。头端尖细，口囊不发达，有内外叶冠及 6 个环口乳突。雄虫交合伞发达，分叶不明显，有交合刺1对。雌虫生殖孔开口处有肾状排卵器。由于其幼虫在发育时钻入肠壁形成结节，故又称为结节虫。

夏伯特线虫 也称阔口线虫，寄生于大肠。虫体大小近似食道口线虫；前端有半球形的大口囊，口孔由两圈小叶冠围绕。雄虫交合伞发达，1对交合刺较细。雌虫阴门靠近肛门。

毛尾线虫 寄生于盲肠。整个虫体形似鞭子，也称鞭虫。虫体较大，呈乳白色；前部细长，为其食管部，约占虫体长度的2/3；后部粗大，为其体部。雄虫后端卷曲，有1根交合刺和能伸缩的交合刺鞘。雌虫尾直，末端钝圆，阴门位于虫体粗细交界处。

【生活史】

羊的各种消化道线虫均系土源性发育，即在其发育过程中不需要中间宿主参加，家畜感染是由于吞食了被虫卵所污染的饲草、饲料及饮水所致，幼虫在外界的发育难以制约，从而造成了几乎所有羊只不同程度感染发病的状况。

上述各种线虫的虫卵随粪便排出体外，在外界适宜的条件下，绝大部分种类线虫的虫卵首先孵化出第一期幼虫，经过两次蜕化后发育成具有感染宿主能力的第三期幼虫。毛首线虫的感染性幼虫是在虫卵内发育而成，并不孵化出来，在外界仅以感染性虫卵的形式存在。羊在吃草或饮水时如食入了线虫的感染性幼虫或感染性虫卵即被感染。仰口线虫的感染性幼虫除能经口感染外，还能直接钻入皮肤发生感染。病原进入羊体内后通常在它们各自的特定寄生部位再经两次蜕化，发育成为第五期幼虫，并逐渐发育为成虫。食道口线虫的感染性幼虫需钻入大结肠和小结肠的固有膜深处形成包囊（结节），幼虫在包囊内发育成第五期幼虫后才自结节中返回肠腔发育为成虫。

【诊断要点】

临床症状 病羊感染各种消化道线虫的主要症状表现为，消化紊乱，胃肠道发炎，腹泻，消瘦，眼结膜苍白，贫血。严重病例下颌间隙水肿，羊体发育受阻。少数病例体温升高，呼吸、脉搏频数、心音减弱，最终病羊可因身体极度衰竭而死亡。

病理变化 剖检可见消化道各部位有数量不等的相应线虫寄生。尸体消瘦，贫血，内脏显著苍白，胸、腹腔内有淡黄色渗出液，大网膜、肠系膜胶样浸润，肝、脾出现不同程度的萎缩、变性，皱胃粘膜水肿，有时可见虫咬的痕迹和针尖大到粟粒大的小结节，小肠和盲肠粘膜有卡他性炎症，大肠可见到黄色小点状的结节或化脓性结节以及肠壁上遗留下的一些瘢痕性斑点。当大肠上的虫卵结节向腹膜面破溃时，可引发腹膜炎和泛发性粘连；向肠腔内破溃时，则可引起溃疡性和化脓性肠炎。

实验室检查 通常对症状可疑的羊应进行粪便虫卵检查。常用的方法为饱和盐水漂浮法(见反刍兽绦虫病)，也可用直接涂片法镜检虫卵。镜检时，各种线虫虫卵一般不易区分；因为各线虫病的防治方法基本相同，一般情况下也无必要对虫卵的种类加以鉴别。粪检时，羊每克粪便中含 1 000 个虫卵时即应驱虫，羔羊每克粪便中含 2 000～6 000 个虫卵则被认为是重感染。死后剖检诊断，可通过对虫体的鉴别，进一步确定病原种类。

【防治措施】

治疗 可选用下列药物：

(1) **丙硫咪唑** 剂量按每千克体重 5～20 毫克，口服。

(2) **左咪唑** 剂量按每千克体重 5～10 毫克，混饲喂给或做皮下、肌内注射。

(3) 硫化二苯胺　剂量按每千克体重600毫克,用面汤做成悬浮液,灌服。

(4) 噻苯唑　剂量按每千克体重50毫克,口服。该药对毛尾线虫效果较差。

(5) 伊维菌素(害获灭)或阿维菌素　剂量按每千克体重0.2毫克,1次口服或皮下注射。

(6) 甲苯咪唑　剂量按每千克体重10～15毫克,口服。

(7) 磺苯咪唑　剂量按每千克体重5毫克,灌服。

(8) 硫苯咪唑　剂量按每千克体重6～8毫克,灌服。

(9) 丙氧苯咪唑　剂量按每千克体重5～15毫克,灌服。

预防　应在晚秋转入舍饲后和春季放牧前各进行1次计划性驱虫,因地区不同,选择驱虫的时间和次数可根据具体情况酌定;羊应饮用干净的流动水或井水,尽可能避免吃露水草和在低湿处放牧,以减少感染机会;粪便应进行堆积发酵,以杀死虫卵;加强饲养管理,提高羊的抗病能力。

肺线虫病

羊肺线虫病是由网尾科和原圆科的线虫寄生在气管、支气管、细支气管乃至肺实质,引起的以支气管炎和肺炎为主要症状的疾病。其中网尾科线虫较大,为大型肺线虫,致病力强,在春乏季节常呈地方性流行,可造成羊群尤其是羔羊大批死亡。原圆科线虫较小,为小型肺线虫,危害相对较轻。肺线虫病在我国分布广泛,是羊常见的蠕虫病之一。

【病　原】

大型肺线虫　丝状网尾线虫是危害羊的主要寄生虫。该虫系大型白色虫体，肠管呈黑色穿行于体内，口囊小而浅。雄虫长 30～80 毫米；交合伞的中侧肋和后侧肋合并，仅末端分开；1 对交合刺粗短，为多孔状结构，黄褐色，呈靴状。雌虫长 50～112 毫米，阴门位于虫体中部附近。

小型肺线虫 小型肺线虫种类繁多，其中缪勒属和原圆属线虫分布最广，危害也较大。该类线虫的虫体纤细，长12～28 毫米，多见于细支气管和肺泡内；口由 3 个小唇片组成，食管长柱形，后部稍膨大；交合伞背肋发达。

【生活史】

大型肺线虫与小型肺线虫的发育过程有所不同，即网尾科线虫发育过程无中间宿主参加，属土源性发育；小型肺线虫在发育时需要中间宿主参加，属生物源性发育。

各种肺线虫的虫卵在呼吸道产出后，上行至咽部，利用宿主咳嗽时，经咽部进入消化道，在此过程中孵化出第一期幼虫，这期幼虫又随粪便排出体外。大型肺线虫的第一期幼虫在外界适宜条件下，约经 1 周发育为感染性幼虫；小型肺线虫的第一期幼虫则需钻入中间宿主多种陆螺或蛞蝓体内发育为感染性幼虫。存在于外界草场、饲料或饮水中和中间宿主体内的大、小型肺线虫的感染性幼虫被终末宿主羊吞食后，幼虫进入肠系膜淋巴结，经淋巴液循环到达右心，又随血流到达肺脏，虫体在此过程中经第四、第五两期幼虫的发育，最终在肺部各自的寄生部位发育为成虫。

【诊断要点】

临床症状 羊群遭受感染时，首先个别羊干咳，继而成群咳嗽，运动时和夜间咳嗽更为显著，此时呼吸声明显粗重，如拉风箱的声音。在频繁而痛苦的咳嗽中，常咯出含有成虫、幼虫及虫卵的粘液团块。咳嗽时伴发啰音和呼吸促迫，鼻孔中排出粘稠分泌物，干涸后形成鼻痂，从而使呼吸更加困难。病羊常打喷嚏，逐渐消瘦、贫血，头、胸及四肢水肿，被毛粗乱。通常羔羊发病症状严重，病死率也高；成年羊感染或羔羊轻度感染时，症状表现较轻。单独感染小型肺线虫时，病情比较轻缓，只是在病情加剧或接近死亡时，才明显表现为呼吸困难，出现干咳或暴发性咳嗽。

病理变化 病变主要发生在肺部，可见有不同程度的肺膨胀不全和肺气肿，肺表面隆起，呈灰白色，触摸时有坚硬感；支气管中有粘液性或脓性混有血丝的分泌团块；气管、支气管及细支气管内可发现数量不等的大、小肺线虫。

实验室检查 依据其症状表现及流行病学资料，通过粪便检查，查出第一期幼虫便可确诊。分离幼虫的方法很多，常用漏斗幼虫分离法（贝尔曼法），其操作步骤是：取羊粪15～20克，放入带筛（40～60 目）或垫有数层纱布的漏斗内，漏斗下接一短橡皮管，末端以水止夹夹紧；漏斗内加入 40℃温水至淹没粪球为止，静置 1～3 小时，此时幼虫游走于水中，并穿过筛孔或纱布网眼沉于橡皮管底部；接取橡皮管底部粪液，经沉淀后弃去上层液，取其沉渣制片镜检即可。镜下幼虫的形态特征为：丝状网尾线虫的第一期幼虫虫体粗大，体长0.5～0.54 毫米，头端有一钮扣状突起，尾端钝圆，肠内有明显颗粒，色较深。各种小型肺线虫的第一期幼虫较小，长 0.3～0.4毫米，其头端无钮扣状突起，尾端呈波浪状，或有一角质小刺，或有分节。

【防治措施】

治疗 可选用下列药物：

（1）**丙硫咪唑** 剂量按每千克体重 5～15 毫克，口服，对各种肺线虫均有良效。

(2) 苯硫咪唑　剂量按每千克体重5毫克，口服。

(3) 左咪唑　剂量按每千克体重7.5～12毫克，口服。

(4) 氰乙酰肼　剂量按每千克体重17毫克，口服；或每千克体重15毫克，皮下或肌内注射。该药对缪勒线虫无效。

(5) 枸橼酸乙胺嗪（海群生）　剂量按每千克体重100～200毫克，口服。该药适合对感染早期童虫的治疗。

(6)阿维菌素或伊维菌素　剂量按每千克体重0.2毫克，口服或皮下注射。

预防　该病流行区内，每年应对羊群进行1～2次普遍驱虫，并及时对病羊进行治疗。驱虫、治疗期应注意收集粪便进行生物热处理；羔羊与成年羊应分群放牧，并饮用流动水或井水；有条件的地区可实行轮牧，避免在低湿沼泽地区放牧；冬季羊群应予适当补饲，补饲期间每隔1天可在饲料中加入硫化二苯胺，按成年羊每只1克、羔羊每只0.5克计，让羊自由采食，能大大减少病原的感染。对小型肺线虫病，应注意消灭其中间宿主。

羊脑脊髓丝虫病

羊脑脊髓丝虫病也称腰痿病，是由寄生于牛腹腔的指形丝状线虫和唇乳突丝状线虫（也称鹿丝状线虫）的晚期幼虫（童虫）迷路侵入羊的脑或脊髓的硬膜下及实质中所致的一种丝虫病。该病可致羊只行走困难、卧地不起，甚至死亡。

【病　原】

指形丝状线虫和唇乳突丝状线虫的晚期幼虫呈乳白色，长为1.5～4.5厘米。

【生活史】

寄生于牛腹腔的指形丝状线虫和唇乳突线虫产出的微丝蚴进入血液循环，中间宿主蚊类刺吸牛血液时将微丝蚴吸入，经12～16天发育为感染性幼虫，并移行到蚊的口器内，若其叮咬羊只时，即将感染性幼虫注入非固有宿主羊体内，幼虫随淋巴液或血液进入脑、脊髓而致本病。

【诊断要点】

临床症状 主要表现为腰髓支配的后躯运动障碍。慢性病例，病初一侧或两侧后肢运动无力，步态踉跄，容易跌倒；病情加剧时，则致两后肢完全麻痹，不能站立，呈犬坐姿势；终至长期卧地，发生褥疮。急性病例，可见突然倒地不起，呈兴奋、骚乱、空嚼及哀鸣等神经症状，眼球上旋，颈部肌肉强直或痉挛；抽搐之后，如将羊扶起，则见四肢强直，向两侧叉开，步态不稳。急、慢性病例最终可因极度衰竭死亡。

病理变化 病变主要可见脑、脊髓的硬膜、蛛网膜有浆液性、纤维素性炎症和胶样浸润灶，以及大小不等的出血灶，其附近有时可发现寄生童虫。脑、脊髓实质（尤为白质区）可见由虫体所致的大小不等的斑点状、线条状的黄褐色破坏性病灶，以及形成大小不同的空洞和液化灶。

实验室检查 病原生前诊断困难，实验室诊断多采用皮内变态反应，也可应用酶标对流免疫电泳、荧光及凝集反应等免疫学方法检查。

【防治措施】

治疗 治疗应在早期诊断的基础上及早进行，否则难以治愈。可选用以下药物：

（1）枸橼酸乙胺嗪 剂量按每千克体重100毫克，每天1次，口服，连用2～5天，对轻症患羊效果良好。

（2）**丙硫咪唑**　剂量按每千克体重20～30毫克，每天1次，口服，连用3～5天，有一定疗效。

（3）**左咪唑**　剂量按每千克体重8毫克，每天1次，口服，连用2～3天，有一定疗效。

预防　在本病流行地区应注意查治病牛，消除传染源；注意搞好环境卫生，铲除蚊虫的孳生地，应用杀虫剂驱杀蚊虫，以切断传播途径；必要时可进行药物预防。

疥螨病与痒螨病

羊螨病是由疥螨和痒螨寄生在体表而引起的慢性寄生性皮肤病。螨病又叫疥虫病、疥疮等，具有高度传染性，往往在短期内可引起羊群严重感染，危害十分严重。

【病　原】

疥螨　疥螨寄生于皮肤角化层下，并不断在皮内挖凿隧道，虫体即在隧道内不断发育和繁殖。疥螨的成虫形态特征为：虫体小，长0.2～0.5毫米，肉眼不易看见；体呈圆形，浅黄色，体表生有大量小刺；前端口器呈蹄铁形；虫体腹面前部和后部各有两对粗短的足，后两对足不突出于体后缘之外。每对足上均有角质化的支条，第一对足的后支条在虫体中央并成1条长杆，第三、第四对足上的后支条，在雄虫是互相连接的。雌虫第一、第二对足及雄虫第一、第二、第四对足的末端具有与不分节柄连接的钟形吸盘，无吸盘足的末端则生有长刚毛（图4-9之1）。

痒螨　寄生在皮肤表面。虫体呈长圆形，较大，长0.5～0.9毫米，肉眼可见。口器长，呈圆锥形。4对足细长，尤其前两对更为发达。雌虫第一、第二、第四对足和雄虫前3对足有

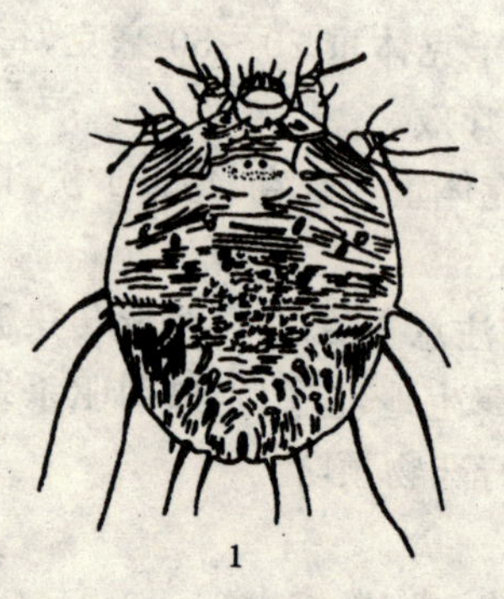

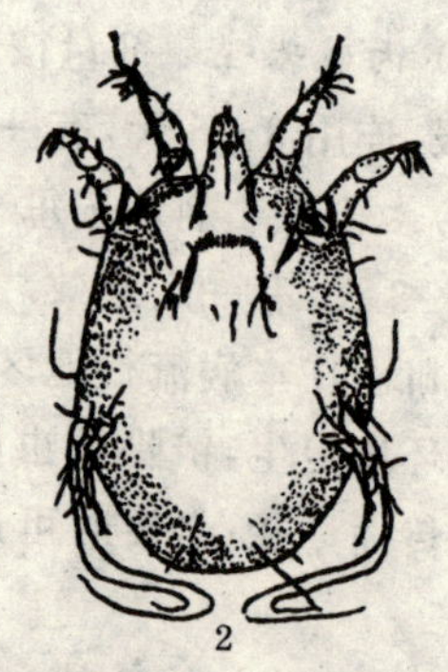

图 4-9　疥螨与痒螨

1. 疥螨背面　2. 痒螨腹面

细长的柄和吸盘，柄分 3 节。雌虫第三对足上有两根长刚毛；雄虫第四对足短且无吸盘和刚毛，尾端有两个尾突，在尾突前方腹面上有两个性吸盘(图 4-9 之 2)。

【生活史】

疥螨与痒螨的全部发育过程都在宿主体上度过，包括虫卵、幼虫、若虫和成虫 4 个阶段。其中雄螨有 1 个若虫期，雌螨有两个若虫期。疥螨的发育是在羊的表皮内不断挖凿隧道，并在隧道中不断繁殖和发育，完成一个发育周期需 8～22 天。痒螨在皮肤表面进行繁殖和发育，完成一个发育周期需 10～12 天。本病的传播是由于健羊与患羊直接接触，或通过被螨及其卵所污染的厩舍、用具的间接接触引起感染。

【诊断要点】

该病主要发生于冬季和秋末、春初。发病时，疥螨病一般始发于皮肤柔软且毛短的部位，如嘴唇、口角、鼻面、眼圈及耳根部，以后皮肤炎症逐渐向周围蔓延；痒螨病则起始于被毛稠密和温度、湿度比较恒定的皮肤部位，如绵羊多发生于背部、臀部及尾根部，以后才向体侧蔓延。

临床症状 该病初发时，因虫体小刺、刚毛和分泌的毒素刺激神经末梢，引起剧痒，可见病羊不断在圈墙、栏柱等处摩擦；在阴雨天气、夜间、通风不好的圈舍以及随着病情的加重，痒觉表现更为剧烈；由于患羊的摩擦和啃咬，患部皮肤出现丘疹、结节、水疱，甚至脓疱，以后形成痂皮和龟裂。绵羊患疥螨病时，因病变主要局限于头部，病变皮肤有如干涸的石灰，故有“石灰头”之称。绵羊感染痒螨后，可见患部有大片被毛脱落。发病后，患羊因终日啃咬和摩擦患部，烦躁不安，影响了正常的采食和休息，日渐消瘦，最终不免因极度衰竭而死亡。

实验室检查 根据羊的症状表现及疾病流行情况，刮取皮肤组织查找病原，以便确诊。其方法是：用经过火焰消毒的凸刃小刀，涂上 50%甘油水溶液或煤油，在皮肤的患部与健康部的交界处刮取皮屑，要求一直刮到皮肤轻微出血为止；刮取的皮屑放入 10%氢氧化钾溶液或氢氧化钠溶液中煮沸，待大部分皮屑溶解后，经沉淀取其沉渣镜检虫体。无此条件时，也可将刮取物置于平皿内，把平皿在热水上稍微加热或在日光下照射后，将平皿放在黑色背景上，用扩大镜仔细观察有无螨虫在皮屑间爬动。

【类症鉴别】

与湿疹 湿疹痒觉不剧烈，且不受环境、温度影响，无传染性，皮屑内无虫体。

与秃毛癣 秃毛癣患部呈圆形或椭圆形，境界明显，其上覆盖的浅黄色干痂易于剥落，痒觉不明显。镜检经 10%氢氧化钾溶液处理的毛根或皮屑，可发现癣菌的孢子或菌丝。

与虱和毛虱 虱和毛虱所致的症状有时与螨病相似，但皮肤炎症、落屑及形成痂皮程度较轻，容易发现虱及虱卵，病料中找不到螨虫。

【防治措施】

治疗 治疗方法及注意事项如下：

(1)**注射或口服药物疗法** 可选用伊维菌素或阿维菌素，此类药物不仅对螨病，而且对其他的节肢动物疾病和大部分线虫病均有良好疗效。剂量按每千克体重0.2毫克口服或皮下注射。

(2)**涂擦或喷淋疗法** 适合于病羊数量少，患部面积小的情况，可在任何季节应用。如溴氰菊酯（敌杀死、倍特），配成50～80毫升/升的溶液，涂擦或喷淋。

(3)**药浴疗法** 该法适用于病羊数量多且气候温暖的季节，也是预防本病的主要方法。药浴时，药液可选用0.05%辛硫磷乳油水溶液等。

(4)**治疗时的注意事项**

第一，为使药物有效杀灭虫体，涂擦药物时应剪除患部周围被毛，彻底清洗并除去痂皮及污物。大规模药浴最好选择山羊抓绒、绵羊剪毛后数天时进行，药液温度应按药物种类所要求的温度予以保持，药浴时间应维持1分钟左右，药浴时应注意羊头的浸浴。

第二，大规模治疗时，应对选用的药物预做小群安全试验。药浴前让羊饮足水，以免误饮药液。工作人员也应注意自身安全防护。

第三，因大部分药物对螨虫的卵无杀灭作用，治疗时应根据使用药物情况重复用药2～3次，每次间隔5天，方能杀灭新孵出的螨虫，达到彻底治愈的目的。

预防 每年定期对羊群进行药浴，可取得预防与治疗的双重效果；加强检疫工作，对新购入的羊应隔离检查后再混群；经常保持圈舍卫生、干燥和通风良好，定期对圈舍和用具清扫和消毒；对患畜应及时治疗，可疑患畜应隔离饲养；治疗期间，应注意对饲管人员、圈舍、用具同时进行消毒，以免病原散布，不断出现重复感染。

蠕形螨病

蠕形螨病也称毛囊虫病，是由山羊蠕形螨和绵羊蠕形螨寄生于山羊、绵羊的毛囊和皮脂腺所引起的皮肤病。该病可致患羊不同程度的消瘦及皮革质量严重下降，从而对羊产业造成了一定的危害和经济损失。

【病　原】

蠕形螨狭长呈蠕虫样，大小为 0.2～0.24 毫米×0.051～0.068 毫米，呈半透明乳白色。虫体分颚体、足体和末体 3 个部分。颚体呈不规则四边形，由 1 对针状的螯肢、1 对须肢和 1 个口下板组成；足体部有 4 对粗短的足；末体部较长，表面具有明显的环纹。

【生活史】

蠕形螨的全部发育过程均在宿主体上进行，包括虫卵、幼螨、两期若螨和成虫。该病传播主要是由患羊与健康羊相互皮肤接触所致。

【诊断要点】

临床症状与病理变化　本病以山羊蠕形螨病更为常见，可见肩胛、四肢、颈、腹等处有许多圆形和椭圆形凸出的白色结节或脓疮，小的如尖针大，大者直径可达 1 厘米。严重感染可致消瘦、贫血。

实验室检查　取皮肤结节或脓疮的内容物制片镜检，发现虫体即可确诊。

【防治措施】

治疗 皮下注射伊维菌素，剂量为每千克体重 0.2 毫克。

预防 注意观察羊群，发现患羊及时隔离治疗；并对病原污染的场所和用具以杀螨药剂进行消毒。

羊鼻蝇蛆病

羊鼻蝇蛆病是由羊鼻蝇的幼虫寄生在羊的鼻腔及附近腔窦内所引起的疾病。在我国西北、东北、华北地区较为常见。羊鼻蝇主要危害绵羊，对山羊危害较轻。病羊表现为烦躁不安，体质消瘦，甚至发生死亡。

【病　原】

成虫 羊鼻蝇形似蜜蜂，全身密生短绒毛，体长 10～12 毫米；头大呈半球形、黄色；两复眼小，相距较远；触角球形，位于触角窝内；口器退化；胸部有 4 条断续而不明显的黑色纵纹，腹部有褐色及银白色斑点。

幼虫 第一期幼虫呈淡黄白色，长 1 毫米，前端有两个黑色口前钩，体表丛生小刺，末端的肛门分左右两叶，后气门很小，呈管状；第二期幼虫呈椭圆形，长 20～25 毫米，体表刺不明显，后气门呈弯肾形；第三期幼虫(图 4-10)长约 30 毫米，背面拱起，各节上有深棕色的横带，腹面扁平，各节前缘有数行小刺，体前端尖，有两个强大的黑色口前钩，虫体后端齐平，有两个黑色的后气孔。

【生活史】

羊鼻蝇的发育需经幼虫、蛹及成虫 3 个阶段。成虫出现于每年 5～9 月间，雌雄交配后，雄虫很快死亡，雌虫则于有阳光的白天以急剧而突然的动作飞向羊鼻，将幼虫产在羊鼻孔内或羊鼻孔周围，雌虫在数天内产完幼虫后很快死亡。产出的第一期幼虫活动力很强，爬入鼻腔后以其口前钩固着于鼻粘膜上，并逐渐向鼻腔深部移行，到达额窦或鼻窦内（有时幼虫还可以进入颅腔），经两次蜕化发育为第三期幼虫。幼虫在鼻腔内寄生 9～10 个月，到翌年春天，发育成熟的第三期幼虫由鼻腔深部向浅部返回移行，当患羊打喷嚏时，将其喷出鼻孔，三期幼虫即在土壤表层或羊粪内化蛹，蛹的外表形态与三期幼虫相同。蛹经 1～2 个月羽化为成虫。成虫寿命为 2～3 周。在温暖地区羊鼻蝇 1 年可繁殖两代，在寒冷地区每年繁殖 1 代。

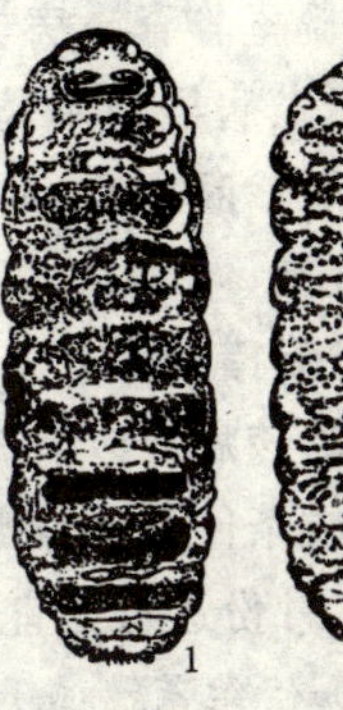

图 4-10　羊鼻蝇第三期幼虫

1. 背面　2. 腹面

【诊断要点】

临床症状　羊鼻蝇幼虫进入羊鼻腔、额窦及鼻窦后，在其移行过程中，由于体表小刺和口前钩损伤粘膜引起鼻炎，可见羊流出多量鼻液，鼻液初为浆液性，后为粘液性和脓性，有时混有血液；当大量鼻漏干涸在鼻孔周围形成硬痂时，使羊发生呼吸困难。此外，可见病羊表现不安，打喷嚏，时常摇头，摩鼻，眼睑水肿，流泪，食欲减退，日渐消瘦。症状表现可因幼虫在鼻腔内的发育期不同而持续数月。通常感染不久呈急性表现，以后逐渐好转，到幼虫寄生的晚期，则疾病表现更为剧烈。有时，当个别幼虫进入颅腔损伤了脑膜或因鼻窦发炎而波及脑膜时，可引起神经症状，病羊运动失调，旋转运动，头弯向一侧或发生麻痹；最后病羊食欲废绝，因极度衰竭而死亡。

实验室检查 病羊生前诊断可结合流行病学情况和症状表现，于发病早期用药液喷洒鼻腔，查找有无死亡的幼虫排出。死后诊断，剖检时在鼻腔、鼻窦或额窦内发现羊鼻蝇幼虫，即可确诊。

【防治措施】

防治该病应以消灭第一期幼虫为主要措施。各地可根据不同气候条件和羊鼻蝇的发育情况，确定防治的时间，一般在每年 11 月份进行为宜。可选用以下药物：

(1) 伊维菌素或阿维菌素 剂量按每千克体重 0.2 毫克，配成 1%溶液皮下注射。

(2) 氯氰柳胺 剂量按每千克体重 5 毫克，口服；或按每千克体重 2.5 毫克，皮下注射。

羊梨形虫病

羊梨形虫病是由泰勒科和巴贝斯科的各种梨形虫引起的血液原虫病。其中羊泰勒虫和莫氏巴贝斯虫是使绵羊和山羊致病的主要病原体；疾病由硬蜱吸血时传播。该病在我国甘肃、青海和四川等地均有发生，常造成羊大批死亡，危害严重。

【病 原】

羊泰勒虫 寄生在红细胞内的虫体大多数呈圆形和卵圆形、约占 80%，其次为杆状，边虫形很少。圆形虫体的的直径为 0.6～2 微米，卵圆形虫体长约 1.6 微米。1 个红细胞内的虫体数可有 1～4 个，红细胞的染虫率一般低于 2%。在淋巴液涂片中可见到淋巴细胞内或游离其外的石榴体(裂体繁殖)。石榴体直径约 8 微米，有的达 10～20 微米，其内含 1～80 个直径 1～2 微米的紫红色染色质颗粒。

莫氏巴贝斯虫　病原寄生于红细胞内，虫体有双梨籽形、单梨籽形、椭圆形和变形虫形等各种形状，其中双梨籽形占60％以上，其他形状虫体较少。梨籽形虫体大小为2.5～3.5微米×1.5微米，大于红细胞半径；虫体有两个染色质团块。双梨籽虫体尖端以锐角相连，位于红细胞中央(图4-11)。

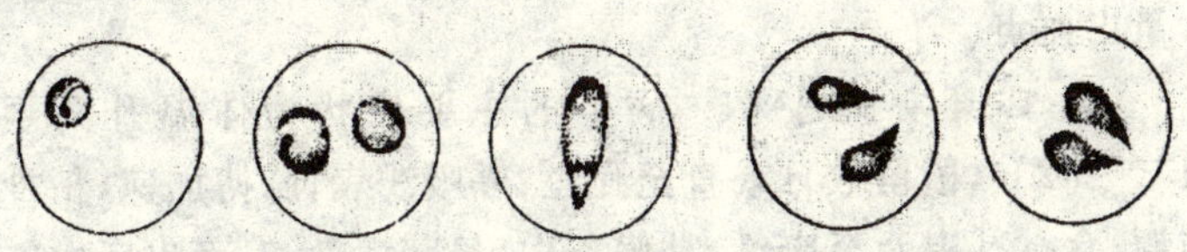

图4-11　红细胞内的莫氏巴贝斯虫

【生活史】

羊梨形虫的生活史尚不十分明了，有待更加详尽的研究。资料记载，我国羊泰勒虫病的主要传播者为血蜱属的青海血蜱，莫氏巴贝斯虫病的传播蜱种尚未证实，病原在蜱体内要经过有性的配子生殖并产生子孢子，当蜱吸血时即将病原注入羊体内。绵羊巴贝斯虫寄生于羊的红细胞内并不断进行无性繁殖；绵羊泰勒虫在羊体内首先侵入网状内皮系统细胞，在肝、脾、淋巴结和肾脏内进行裂体繁殖，并继而进入红细胞内寄生。病原的传播者——硬蜱吸食羊血液时，病原又进入蜱体内发育，如此周而复始，流行发病。

【诊断要点】

临床症状与病理变化

(1) 泰勒虫感染　病羊主要表现：病初体温升高至40℃～42℃，呈稽留热型；呼吸促迫，鼻发鼾声；心律不齐；食欲减退，便秘或腹泻；精神沉郁，四肢僵硬，喜卧地；眼结膜初为充血，继而苍白，并轻度黄染；羊体逐渐消瘦；体表淋巴结肿大，肩前淋巴结肿大尤为显著，可由核桃大至鸭蛋大，触之有痛感。

死于泰勒虫感染的羊，可见尸体消瘦，贫血；全身淋巴结不同程度的肿大，尤以肩前、肠系膜、肝、肺等处更为明显；肝脏、胆囊、脾脏显著肿大并有出血点；肾脏呈黄褐色，表面有淡黄色或灰白色结节和小出血点；皱胃粘膜有溃疡斑，肠粘膜有少量出血点。

(2) **巴贝斯虫感染** 病羊的主要症状为体温升高至41℃～42℃，稽留数日或直至死亡；呼吸浅表，脉搏加速，精神委顿，食欲减退乃至废绝；粘膜苍白，显著黄染；时而出现血红蛋白尿，并出现腹泻；红细胞每立方毫米减少至 200 万～400 万，大小不匀。

剖检死于巴贝斯虫感染的羊时，可见粘膜与皮下组织贫血、黄染；肝、脾肿大变性，有出血点；胆囊肿大 2～4 倍；心内、外膜及浆、粘膜有出血点和出血表现；肾脏充血发炎；膀胱扩张，充满红色尿液。

实验室检查 进行血液或淋巴检查，找出病原以便确诊。血液检查可采取羊的静脉血液，制成血片，经染色后镜检虫体。染色通常采用姬姆萨或瑞氏染色法。血液红细胞虫体感染率较低时，可先进行集虫，再制片检查。集虫的方法是，在离心管中加入 3～4 毫升 2%柠檬酸钠生理盐水，再加静脉血6～7 毫升，混匀后，先以 500 转/分离心 5 分钟，吸取含有少量红细胞及白细胞的上层血浆，补加少量生理盐水，再以2 500转/分离心 10 分钟，取其沉淀物涂片染色即可。该法处理后可显著提高虫体的检出率。

泰勒虫病患羊，除进行血液检查外，还必须做淋巴穿刺，采取淋巴穿刺物涂片染色后镜检石榴体。死后诊断则可以淋巴结等直接涂片染色镜检。

【防治措施】

治疗　可选用下列药物：

(1) 三氮脒(贝尼尔、血虫净)　剂量按每千克体重7～10毫克，以蒸馏水配成2%溶液，肌内注射1～2次。

(2) 咪唑苯脲　剂量按每千克体重1～3毫克，配成10%水溶液，肌内注射。

(3) 喹啉脲(阿卡普林)　剂量按每千克体重使用5%的水溶液0.02毫升，皮下或肌内注射。脉搏加快时，可将总量分3次注射，每2小时1次。必要时，24小时后可重复用药。

(4) 黄色素　剂量按每千克体重3毫克，配成0.5%～1%水溶液，静脉注射。注射时药物不可漏出血管外。注射后数天内须避免强烈阳光照射，以免灼伤。症状未见减轻时，间隔24～48小时再注射1次。

治疗同时应辅以强心、补液等措施，加强管护，以使患羊早日治愈。

预防　在本病的流行地区，应于每年发病季节前对羊群进行药物预防注射；同时做好灭蜱工作，防止蜱叮咬传播疾病，对输入的羊，应经隔离检疫后再合群饲养。

弓形虫病

弓形虫病是由孢子虫纲的原生动物——龚地弓形虫所引起的一种人兽共患寄生虫病。本病的中间宿主范围非常广泛，包括人、猪、绵羊、山羊、黄牛、水牛、马、鹿、兔、犬、猫、鼠等多种哺乳动物，此外，还可感染许多鸟类和一些变温动物。终末宿主据目前所知仅为猫、豹和猞猁等一些猫科动物。病原除在中间宿主与终末宿主之间循环传递之外，更为重要的是可在中间宿主范围内相互进行水平传播。其感染途径包括经口感染、经胎盘感染及通过宿主受损的皮肤、粘膜发生感染。因此，本病在全世界广泛存在和流行。在我国，羊的弓形虫病也不同程度地存在，不仅直接危害养羊业，而且对整个畜牧业的发展及人类的健康都构成一定的威胁。

【病　原】

根据弓形虫的不同发育阶段，虫体分为 5 型。速殖子和包囊出现在中间宿主体内，裂殖体、配子体和卵囊则只出现在终末宿主的发育阶段。

速殖子(滋养体)　主要见于急性病例。典型的游离速殖子呈香蕉形或新月形，大小为 4～7 微米×2～4 微米，一端较尖，另一端钝圆，虫体中央稍偏钝端有一染色质核，核直径 1.5～2 微米，约占虫体 1/4，胞质内有时可见到数量不等的空泡或大小不一的颗粒。速殖子在宿主细胞(主要是网状内皮细胞)的胞质内反复进行内双芽增殖，结果形成了内含数个至数十个速殖子的包囊，其直径为 14～40 微米。由于此包囊的膜是由宿主细胞构成的，故称为假囊，假囊内的速殖子则被称为虫体集落。集落内正在繁殖的虫体形状是多种多样的，可呈圆形、卵圆形、柠檬形和正在出芽的不规则形状。

包囊(组织囊)　见于慢性病例或隐性感染。主要寄生于脑、骨骼肌、视网膜、心、肺、肝及肾脏等处。包囊在上述组织中呈圆形或卵圆形，有较厚而富有弹性的囊膜。包囊的直径可达 50～60 微米，囊中含有数十个至数千个慢殖子。慢殖子的形态与速殖子相似，仅核的位置稍偏后。慢殖子在包囊内也可以内双芽增殖的方式缓慢地进行繁殖。包囊型虫体可在宿主体内长期寄生，甚至伴随宿主终生。

裂殖体　为猫及猫科动物肠上皮细胞内进行裂体增殖阶

段的虫体。1 个裂殖体内可以形成许多裂殖子。游离的裂殖子大小为 7～10 微米×2.5～3.5 微米，前端尖，后端钝圆，核呈卵圆形，直径 2～3 微米，常靠近虫体后端。

配子体 是继裂殖体增殖后在终末宿主肠上皮细胞内进行有性繁殖阶段的虫体。小配子体色淡，核疏松，后期分裂形成许多小配子；大配子体的核致密，较小，含有着色明显的颗粒，后期分裂形成大配子。

卵囊 未孢子化的卵囊呈圆形或近圆形，直径 10～12 微米。囊壁两层，无色，无卵模孔和极粒。自猫体内排出后，经 1～5 天发育为孢子化卵囊。此时卵囊内形成 2 个孢子囊，孢子囊大小为 6 微米×8 微米，其内含有 4 个香蕉状的子孢子，子孢子大小为 6～8 微米× 2 微米。

【生活史】

弓形虫在发育过程中具有两个类型的宿主，在终末宿主猫及某些猫科动物体内进行等孢球虫相发育，在中间宿主体内进行弓形虫相发育。

猫吞食了弓形虫的包囊、假囊及已成熟的卵囊后，慢殖子、速殖子或子孢子进入消化道侵入上皮细胞，开始进行等孢球虫相的发育和繁殖。首先通过裂体生殖进行繁殖，其产生的裂殖子到一定阶段后又发育成为配子体(大、小配子)，进行配子生殖，形成卵囊。卵囊随粪便排出体外，在外界适宜条件下，经 2～4 天发育为感染性卵囊(孢子化卵囊)。

中间宿主动物种类繁多(包括羊在内)。弓形虫的卵囊、包囊及速殖子经口或受损的皮肤、粘膜侵入中间宿主体内后，通过淋巴、血液循环进入有核细胞，在有核细胞的胞质内主要以内出芽的方式进行繁殖，形成假囊，当宿主细胞被破坏后，释放出速殖子又进入新的有核细胞内继续繁殖。经过一定时间的繁殖后，转入神经、肌肉组织和一些脏器内形成包囊型虫体。

【诊断要点】

临床症状与病理变化 大多数成年羊呈隐性感染，主要表现为妊娠羊常于正常分娩前4～6周出现流产，其他症状不明显。流产时，有1/2的胎膜有病变，绒毛叶呈暗红色，在绒毛中间有许多直径为1～2毫米的白色坏死灶。产出的死羔皮下水肿，体腔内有过多的液体，肠内充血，脑尤其是小脑前部有广泛性非炎症性小坏死点。此外，在流产组织内可发现弓形虫。

少数病例可出现神经系统和呼吸系统症状，表现呼吸困难，咳嗽，流泪，流涎，有鼻液，走路摇摆，运动失调，视力障碍，心跳加快，体温41℃以上，呈稽留热，腹泻等。剖检可见淋巴结肿大，边缘有小结节，肺表面有散在的小出血点，胸、腹腔有积液。此时，肝、肺、脾、淋巴结涂片检查可见弓形虫速殖子。

实验室检查 本病的确诊必须依据实验室病原检查及血清学试验加以判定。

(1) 病原体检查

① 涂片染色检查 生前可用患羊的发热期血液、脑脊液、眼房水、尿、唾液或淋巴穿刺液涂片染色；死后则通常采用肺、肝及淋巴结等脏器进行涂片。上述材料涂片自然干燥后，用甲醇固定2～3分钟，瑞氏液直接染色3～5分钟，或以姬姆萨液染色20～30分钟，水洗干燥后镜检。

② 集虫检查 如脏器涂片未发现虫体，可采肺门淋巴结或肝组织3～5克，捣碎后加10倍生理盐水混匀，用双层纱布过滤，以500转/分的速度离心3分钟，取上层液，再以2 000转/分离心10分钟，取其沉淀物涂片染色镜检。

③ 压片及切片检查 主要用于检查慢性或隐性感染的

患畜各组织中的包囊型虫体。检查时需将病变组织制成切片或压片，染色后镜检。

④ 动物接种试验　对于未查出虫体的可疑病例，可取其肺、肝、脾及淋巴结等组织研碎后，加 10 倍生理盐水（每毫升加青霉素 1 000 单位、链霉素 1 000 微克）混匀，静置 10 分钟，以其上清液接种于小白鼠腹腔，每只接种 0.5～1 毫升，连续观察 20 天，若小白鼠出现呼吸促迫或死亡，取腹腔液或脏器进行涂片检查。初次接种的小白鼠可能不发病，可用同法对小白鼠进行连续 3 代盲传，最终进行结果判定。

（2）血清学诊断　此法供做生前诊断和流行病学调查。常用的方法有色素试验（染色试验）、间接血凝试验、荧光抗体法、补体结合试验、酶联免疫吸附试验、皮内变态反应及琼脂扩散反应等。

【防治措施】

治疗　对急性病例可应用磺胺类药物，与抗菌增效剂联合使用效果更好，也可使用四环素族抗生素和螺旋霉素等。上述药物通常不能杀灭包囊内的慢殖子。常用药物如下：

（1）磺胺嘧啶＋甲氧苄氨嘧啶　前者每千克体重 70 毫克，后者按每千克体重 14 毫克，每天 2 次，口服，连用 3～4 天。

（2）磺胺甲氧吡嗪＋甲氧苄氨嘧啶　前者剂量为每千克体重 30 毫克，后者剂量为每千克体重 10 毫克，每天 1 次，口服，连用 3～4 天。

（3）磺胺-6-甲氧嘧啶　剂量按每千克体重 60～100 毫克；或配合甲氧苄氨嘧啶（每千克体重 14 毫克），每天 1 次，口服，连用 4 次。可迅速改善临床症状，并有效地阻抑速殖子在体内形成包囊。

预防　应做好羊舍卫生工作，定期消毒；饲草、饲料和饮水严禁被猫的排泄物污染;对羊的流产胎儿及其他排泄物要进行无害化处理,流产的场地也应严格消毒;死于本病或疑为本病的畜尸,要严格处理,以防污染环境或被猫及其他动物吞食。

羊球虫病

羊球虫病是由艾美耳属的多种球虫寄生于绵羊或山羊的肠道上皮细胞内所致,发病可引起急性或慢性肠炎,消瘦,贫血和发育不良,严重的可造成羊只死亡,本病对羔羊危害较大。

【病　原】

寄生于绵羊或山羊的球虫种类较多,文献记载的绵羊球虫有 14 种,以阿撒他艾美耳球虫致病力最强,绵羊艾美耳球虫和小艾美耳球虫有中等的致病力,浮氏艾美耳球虫有一定的致病力。山羊球虫已报道的有 15 种,其中雅氏艾美耳球虫致病力强,阿氏艾美耳球虫有中等或一定的致病力。

上述球虫的卵囊呈近圆形、卵圆形或椭圆形,其孢子化卵囊内含有 4 个孢子囊,每个孢子囊内有 2 个子孢子。

【生活史】

羊因吞食了球虫的孢子化卵囊而感染,子孢子侵入肠上皮细胞内,首先进行无性的裂体增殖,继而进行有性的配子生殖并形成卵囊,卵囊随粪便排出于外界,在适宜的温度、湿度条件下,经 2～3 天完成孢子生殖过程,形成孢子化卵囊即具感染性。羊球虫的发育因种类不同,其潜伏期、寄生部位、裂体生殖的代数等方面有所差异。本病多见于春、夏、秋三季,冬季不利于球虫卵囊的发育而较少发病。

【诊断要点】

临床症状　发病依感染的球虫种类,感染强度,羊只的年龄，机体的抵抗力及饲养管理条件的不同而表现急性或慢性过程。急性型多见于1岁以下的羔羊。可见食欲减退或废绝，精神不振，腹泻，粪便中常带血，恶臭。体温有时升至40℃～41℃，迅速消瘦、贫血，并可因极度衰竭而死亡。慢性型表现长期腹泻，渐进性贫血、消瘦，发育迟缓。

病理变化 可见尸体消瘦，后肢及尾部常有稀粪污染。肠粘膜普遍充血并呈斑点状、带状出血，肠粘膜和浆膜面上见有数量不等的粟粒大至豌豆大小的淡白色或黄色球虫结节，常成簇分布。肠系膜淋巴结炎性肿大。小肠的绒毛上皮固有膜及腺窝等严重破坏，肠粘膜上皮细胞透明、变性。

实验室检查 可采用饱和盐水漂浮法检查卵囊，也可进行球虫结节的涂片或切片做病原检查，发现大量卵囊或不同发育阶段的裂殖体、配子体即可确诊。

【防治措施】

治疗 可选用下列药物：

(1) 氨丙啉 剂量按每千克体重20～30毫克，1天1次，口服，连用14～19天。

(2) 莫能菌素 剂量按每千克体重20～30毫克，混饲，连喂7～10天。

(3) 盐霉素 剂量按每千克体重20～30毫克，混饲，连喂7～10天。

(4)磺胺二甲嘧啶 剂量按每千克体重100毫克，1天1次，口服，连用3～4天。

预防 注意做好圈舍、饲料和饮水的卫生工作，防止病原感染；加强饲养管理，提高羊只的抗病能力。在发病地区应及时进行药物预防。

第五章　羊的主要普通病

口　炎

羊的口炎是口腔粘膜表层和深层组织的炎症。在病理过程中，口腔粘膜和齿龈发炎，可使病羊采食和咀嚼困难，口流清涎，痛觉敏感性增高。临床常见单纯性局部炎症和继发性全身反应。

【病　因】

原发性口炎多由外伤引起。羊可因采食尖锐的植物枝杈、秸秆刺伤口腔而发病。也可因接触氨水、强酸、强碱损伤口粘膜而发病。在羊口疮、口蹄疫、羊痘、真菌性口炎时，也可发生口炎症状。

【诊断要点】

采食与咀嚼障碍是口炎的一种症状。临床常见有卡他性、水疱性、溃疡性口炎。原发性口炎病羊常采食减少或停止，口腔粘膜潮红、肿胀、疼痛、流涎。严重者可见有出血、糜烂、溃疡，或引起体质消瘦。

继发性口炎多见有体温升高等全身反应。如羊口疮时，口粘膜以及上下嘴唇、口角处呈现水疱疹和出血干痂样坏死；口蹄疫时，除口粘膜发生水疱及烂斑外，趾间及皮肤也有类似病变；羊痘时除口粘膜有典型的痘疹外，在乳房、眼角、头部、腹下皮肤等处也有痘疹。

真菌性口炎，常有采食发霉饲料的病史，除口腔粘膜发炎外，还表现腹泻、黄疸等。

过敏反应性口炎，多与突然采食或接触过敏原有关，除口腔有炎症变化外，在鼻腔、乳房、肘部和股内侧等处见有充血、渗出、溃烂、结痂等变化。

【防治措施】

加强管理和护理，防止因口腔受伤而发生原发性口炎。对传染病合并口炎者，宜隔离消毒。轻度口炎，可用2%～3%碳酸氢钠溶液、0.1%高锰酸钾溶液或2%食盐水冲洗；对慢性口炎发生糜烂及渗出时，用1%～5%蛋白银溶液或2%明矾溶液冲洗；有溃疡时用1∶9碘甘油或蜂蜜涂擦。

全身反应明显时，用青霉素40万～80万单位，链霉素1000毫克，1次肌内注射，连用3～5天；也可服用磺胺类药物。

中药疗法，可用柳花散：黄柏50克，青黛12克，肉桂6克，冰片2克，各研细末，和匀，抹口内疮面上。也可用青黄散：青黛100克，冰片30克，黄柏150克，五倍子30克，硼砂80克，枯矾80克，共为细末，与蜂蜜混合贮藏，每次用少许抹口疮面上。冰硼散少许，涂撒患部。

为杜绝口炎的蔓延，宜用2%碱水刷洗消毒饲槽。给病羊饲喂青嫩、多汁、柔软的饲草。

谷物酸中毒

本病也称瘤胃酸中毒，俗称丰收病。

谷物酸中毒是因羊采食或偷食谷物饲料过多，从而引起瘤胃内产生乳酸的异常发酵，使瘤胃内微生物区系和纤毛虫生理活性降低的一种消化不良疾病。临床表现以精神兴奋或沉郁，食欲废绝，瘤胃蠕动停止，胃液酸度升高，瘤胃积食胀满，脱水等为特征。

【病　因】

主要为过食富含碳水化合物的谷物，如大麦、小麦、玉米、高粱、稻谷或麸皮和糟渣等浓厚饲料所引起。本病发生的原因主要是对羊管理不严，致使偷食大量谷物饲料或突然增喂大量谷物饲料，使羊突然发病。

【诊断要点】

通常在过食谷物饲料后4～6小时内发病，呈急性消化不良，表现精神沉郁，腹胀，喜卧，也见有腹泻，很快死亡。

一般症状为食欲、反刍减少，很快废绝。瘤胃蠕动变弱，很快停止。触诊瘤胃胀满，内容物为液体。体温正常或升高，心律和呼吸增数，眼球下陷，血液粘稠，皮肤丧失弹性，尿量减少，常伴有瘤胃炎和蹄叶炎。瘤胃液pH值用石蕊试纸测定在6以下，血液碱贮和二氧化碳结合力也降低。在病程中也见有视觉紊乱，盲目运动者。

【防治措施】

加强饲养管理，严防羊偷食谷物饲料及突然增加浓厚精饲料的喂量，应控制喂量，做到逐步增加，使之适应。

中和胃液酸度，用5%碳酸氢钠溶液1 500毫升胃管洗胃，或用石灰水洗胃。石灰水制作：生石灰1千克，加水5升，搅拌均匀，沉淀后用上清液。也可应用石蜡油100毫升，氢氧化镁15克、鱼石脂1克、酒精20毫升，加水适量，1次灌服。

强心补液可用5%葡萄糖盐水500～1 000毫升，10%樟脑磺酸钠5毫升，混合静脉注射。

健胃轻泻用大黄苏打片15片，橙皮酊10毫升，豆蔻酊5毫升，石蜡油100毫升，混合加水，1次口服。

食管阻塞

食管阻塞是羊食管内腔被食物或异物堵塞而发生的以咽下障碍为特征的疾病。

【病　因】

该病主要由于过度饥饿的羊吞食了过大的块根饲料，未经充分咀嚼而吞咽，阻塞于食管某一段而酿祸成疾。如吞进大块萝卜、西瓜皮、洋芋、玉米棒、包心菜根及落果等。也见有误食塑料袋、地膜等异物造成食管阻塞的。继发性食管阻塞常见于食管麻痹、狭窄和扩张。

【诊断要点】

该病一般多突然发生。一旦阻塞，病羊采食停止，头颈伸直，伴有吞咽和作呕动作；口腔流涎，骚动不安；或因异物吸入气管，引起咳嗽。当阻塞物发生在颈部食管时，局部突起，形成肿块，手触可感觉到异物形状；当发生在胸部食管时，病羊疼痛明显，并可继发瘤胃臌胀。

食管阻塞分完全阻塞和不完全阻塞两种情况，使用胃管探诊可确定阻塞的部位。完全阻塞，水和唾液不能下咽，从鼻孔、口腔流出，在阻塞物上方部位可积存液体，手触有波动感。不完全阻塞，液体可以通过食管，而食物不能下咽。

诊断时，应注意与咽炎、急性瘤胃臌胀、口腔疾病相区别。

食管阻塞时，如有异物吸入气管可发生异物性气管炎和异物性肺炎。

【防治措施】

治疗可采取以下方法：

(1)吸取法　阻塞物属草料食团，可将羊保定好，送入胃管后用橡皮球吸取水，注入胃管，在阻塞物上部或前部软化阻塞物，反复冲洗，边注入水边吸出，反复操作，直至食管畅通。

阻塞物若为塑料制品物，如地膜、食品袋等，用吸取法取出异物极为困难，宜手术取出，但预后要慎重。

(2)胃管探送法　阻塞物在近贲门部位时，可先将2%普鲁卡因溶液5毫升、石蜡油30毫升混合后，用胃管送至阻塞物部位，待10分钟后，再用硬质胃管推送阻塞物进入瘤胃中。

(3)砸碎法　当阻塞物易碎、表面圆滑并阻塞在颈部食管时，可在阻塞物两侧垫上布鞋底，将一侧固定，在另一侧用木槌或拳头打砸(用力要均匀)，使其破碎后咽入瘤胃。

治疗中若继发瘤胃臌胀，可施行瘤胃放气术，以防病羊发生窒息。

为了预防该病的发生，应防止羊偷食未加工的块根饲料；补喂家畜生长素制剂或饲料添加剂；清理牧场、厩舍周围的废弃杂物。

前胃弛缓

羊前胃弛缓是前胃兴奋性和收缩力降低的疾病。临床特征是正常的食欲、反刍、嗳气被扰乱，胃蠕动减弱或停止，可继发酸中毒。

【病　因】

主要是羊体质衰弱，再加上长期饲喂粗硬难以消化的饲草，如玉米秸秆、豆秸、麦皮等；突然更换饲养方法，供给精料过多，运动不足等；饲料品种不良，霉败，冰冻，虫蛀，染毒；长期饲喂单调、缺乏刺激性的饲料，如麦麸、豆面、酒糟等。此外，瘤胃臌胀、瘤胃积食、肠炎以及其他内、外、产科疾病等，也可继发该病。

【诊断要点】

该病常见有急性和慢性两种。

急性 病羊食欲废绝，反刍停止，瘤胃蠕动力量减弱或停止；瘤胃内容物腐败发酵，产生多量气体，左腹增大，触诊不坚实。

慢性 病羊精神沉郁、倦怠无力，喜欢卧地，被毛粗乱，体温、呼吸、脉搏无变化，食欲减退，反刍缓慢，瘤胃蠕动力量减弱，次数减少。若因采食有毒植物或刺激性饲料而引起发病的，则瘤胃和皱胃敏感性增高，触诊有疼痛反应，有的羊体温升高。如伴有胃肠炎时，肠蠕动显著增加，腹泻，或便秘与腹泻交替发生。

若为继发性前胃弛缓，常伴有原发性疾病的特征症状。因此，诊疗中要加以鉴别。

【防治措施】

首先应消除病因，加强饲养管理，因过食引起者，可采用饥饿疗法，禁食2～3次，然后供给易消化的饲料，使之恢复正常。

药物疗法，应先投给泻剂，清理胃肠，再投给兴奋瘤胃蠕动和防腐止酵剂。成年羊可用硫酸镁或人工盐20～30克，石蜡油100～200毫升，番木鳖酊2毫升，大黄酊10毫升，加水500毫升，1次口服。或用胃肠活散剂2包，陈皮酊10毫升，姜酊5毫升，龙胆酊10毫升，加水混合，1次口服。10%氯化钠溶液20毫升，10%氯化钙溶液10毫升，10%安钠咖注射液2毫升，混合后，1次静脉注射。

当瘤胃内容物酸碱度降低时（pH值在6以下）可用碳酸钠5克，碳酸氢钠35克，氯化钠10克，氯化钾10克，加水

1 000毫升溶解，每次口服 50～60 毫升，每天 1 次，可连用数次。当瘤胃酸碱度升高时(pH 值在 8 以上)可用常醋 30～50 毫升，加常水适量灌服。

也可用酵母粉 10 克，红糖 10 克，酒精 10 毫升，陈皮酊 5 毫升，混合加水适量，1 次口服。瘤胃兴奋剂可用 2%毛果芸香碱 1 毫升，皮下注射。防止酸中毒，可口服碳酸氢钠 10～15 克。另外，可用大蒜酊 20 毫升，龙胆末 10 克，加水适量，1 次口服。

瘤胃积食

瘤胃积食是瘤胃充满多量食物，使正常胃的容积增大，胃壁急性扩张，食糜滞留在瘤胃，引起严重消化不良的疾病。该病临床特征为反刍、嗳气停止，瘤胃坚实，疝痛，瘤胃蠕动极弱或消失。

【病　因】

该病主要是采吃了过多的喜爱的饲料，如苜蓿、青饲料、豆科牧草；或养分不足的粗饲料，如干玉米秸秆等；采食干料，饮水不足，也可引起该病的发生。

此外，因过食或偷食谷物精料，引起急性消化不良，使碳水化合物在瘤胃中形成大量乳酸，导致机体酸中毒，也可显示瘤胃积食的病理过程。

该病还可继发于前胃弛缓、瓣胃阻塞、创伤性网胃炎、腹膜炎、皱胃炎及皱胃阻塞等疾病过程。

【诊断要点】

发病较快，采食、反刍停止，病初不断嗳气，随后嗳气停止，腹痛摇尾，或后蹄踏地，弓背，咩叫。后期病羊精神委靡。

左侧腹部轻度膨大，肷窝略平或稍凸出，触诊硬实。瘤胃蠕动初期增强，以后减弱或停止，呼吸促迫，脉搏增数，粘膜发绀。严重者可见脱水，发生自体酸中毒和胃肠炎。

【防治措施】

严格饲养管理制度，加强对羊群检查，建立合理的饲喂和放牧操作程序。治疗应遵循消导下泻，止酵防腐，纠正酸中毒，健胃，补充液体的治疗原则。

消导下泻，可用石蜡油 100 毫升，人工盐或硫酸镁 50 克，芳香氨酯 10 毫升，加水 500 毫升，1 次口服。也可应用番木鳖酊 3 毫升，龙胆酊 20 毫升，加水适量，1 次灌服，兴奋瘤胃蠕动。

止酵防腐，可用鱼石脂 1～3 克，陈皮酊 20 毫升，加水 250 毫升，1 次口服。也可用煤油 3 毫升，加温水 250 毫升，摇匀呈油悬浮液，1 次口服。

纠正酸中毒，可用 5％碳酸氢钠溶液 100 毫升，5％葡萄糖溶液 200 毫升，1 次静脉注射；或用 11.2％乳酸钠溶液 30 毫升，1 次静脉注射。

心脏衰弱时，可用 10％安钠咖注射液 5 毫升，或 10％樟脑磺酸钠注射液 4 毫升，肌内注射。呼吸系统和血液循环系统衰竭时，可用尼可刹米注射液 2 毫升，肌内注射。

中药治疗可用大黄 12 克，芒硝 30 克，枳壳 9 克，厚朴 12 克，玉片 1.5 克，香附子 9 克，陈皮 6 克，千金子 9 克，青皮 9 克，木香 3 克，二丑 12 克，煎水 500 毫升，1 次口服。

种羊发生急性瘤胃积食，若应用药物治疗不能达到目的时，宜迅速采用瘤胃切开手术，进行急救。

急性瘤胃臌胀

急性瘤胃臌胀(气胀),是羊采食了大量易发酵的饲料,迅速产生大量气体而引起的前胃疾病。

该病多发于春末夏初放牧的羊群,绵羊较山羊多见。

【病　因】

由于羊吃了大量易于发酵的饲料,如幼嫩的紫花苜蓿等而致病。曾见一群 50 只绵羊,窜入苜蓿地采食,30 分钟后全群羊瘤胃臌胀,死亡 80%。此外,秋季放牧羊群在草场采食了多量的豆科牧草也易发病。冬、春两季给妊娠母羊补饲精料,群羊抢食,其中抢食过量的羊易发病,并可继发瘤胃积食。舍饲的羊群因喂霜冻、霉败变质的饲料,或喂给多量的酒糟,均可成为本病的发生因素。每年剪毛季节常见肠扭转疾病的发生,也可导致急性瘤胃臌胀。

【诊断要点】

初期病羊表现不安,回顾腹部,弓背伸腰,肷窝突起,有时左肷向外突出,高于髋节或脊背水平线,反刍和嗳气停止,触诊腹部紧张性增加,叩诊呈鼓音,听诊瘤胃蠕动力量减弱,次数减少。

【防治措施】

加强饲养管理,严禁在苜蓿地放牧;注意饲草饲料的贮藏,防止霉败变质。

治疗原则是胃管放气,防腐止酵,清理胃肠。可插入胃导管放气,缓解腹部压力。或用 5%碳酸氢钠溶液 1 500 毫升洗胃,以排出气体及中和酸败胃内容物。必要时可行瘤胃穿刺放气。具体操作如下:先在左肷部剪毛、消毒,然后以术者的拇指压迫左肷部的中心点，使腹壁紧贴瘤胃壁，用兽用套管针或16号针头垂直刺入腹壁并穿透瘤胃的胃壁放气，在放气中紧紧按压住腹壁，勿使腹壁与瘤胃的胃壁脱离，边放气边下压，防止胃液漏入腹腔，引起腹膜炎。

也可用石蜡油100毫升，鱼石脂2克，酒精10～15毫升，加水适量，1次口服。或用氧化镁30克，加水300毫升，1次口服。或用8%氢氧化镁混悬液100毫升，1次口服。或用二甲基硅油1克，加水适量，1次灌服。或用芳香氨醑20毫升，加水适量，1次灌服。

中药治疗可用莱菔30克，芒硝20克，滑石10克，煎水，另加清油30毫升，1次口服。

瓣胃阻塞

瓣胃阻塞（重瓣胃秘结）是由于羊瓣胃的收缩力量减弱，食物排出作用不充分，通过瓣胃的食糜积聚，不能后移，充满瓣叶之间，水分被吸收，内容物变干而致病。其临床特征为瓣胃容积增大，坚硬，不排粪便，腹部胀满。

【病　因】

该病主要由于饮水失宜和饲喂秕糠、粗纤维饲料而引起；或饲料和饮水中混有过多的泥沙而混入食糜，沉积于瓣胃瓣叶之间而发病。

本病可继发于前胃弛缓、瘤胃积食、皱胃阻塞、瓣胃和皱胃与腹膜粘连等疾病。

【诊断要点】

病羊初期症状与前胃弛缓相似，瘤胃蠕动力量减弱，瓣胃蠕动消失，并可继发瘤胃臌胀和瘤胃积食。触压病羊右侧第七至第九肋间，肩胛关节水平线上下时，羊表现疼痛不安。粪便干少、色泽暗黑，后期停止排粪。随着病程延长，瓣胃小叶发炎或坏死，常可继发败血症，此时可见体温升高、呼吸和脉搏加快，全身衰弱，病羊卧地不能站立，最后死亡。

根据病史和临床表现（病羊不排粪便，瓣胃区敏感，瓣胃扩大、坚硬等）即可确诊。

【防治措施】

应以软化瓣胃内容物为主，辅以兴奋前胃运动功能，促进胃用内容物排出。

瓣胃注射疗法，对顽固性瓣胃阻塞疗效显著。具体方法是：用25%硫酸镁溶液30～40毫升，石蜡油100毫升，在右侧第九肋间隙和肩胛关节线交界下方，选用12号7厘米长针头，向对侧肩关节方向刺入4厘米深，刺入后可先注入20毫升生理盐水，若有较大压力时，表现针已刺入瓣胃中，再将上述准备好的药液用注射器交替注入瓣胃，于第二天再重复注射1次。

瓣胃注射后，可用10%氯化钙溶液10毫升、10%氯化钠溶液50～100毫升、5%葡萄糖生理盐水150～300毫升，混合1次静脉注射。待瓣胃松软后，皮下注射0.1%氯化氨甲酰胆碱（比赛可灵）溶液0.2～0.3毫升，兴奋胃肠运动功能，促进积聚物排出。

此外，也可口服中药。选用健胃、止酵、通便、润燥、清热剂，效果佳良。方剂组成为：大黄9克，枳壳6克，二丑9克，玉片3克，当归12克，白芍2.5克，番泻叶6克，千金子3克，山枝2克，煎水口服。或用大黄末15克，人工盐25克，清油100毫升，加水300毫升，1次口服。

创伤性网胃腹膜炎及心包炎

创伤性网胃腹膜炎及心包炎是由于异物刺伤网胃壁而发生的一种疾病。其临床特征为急性前胃弛缓，胸壁疼痛，间歇性臌气。实验室检验，白细胞总数增加，白细胞分类计数核左移等。本病多见于奶山羊。

【病　因】

该病主要由于尖锐金属异物（如钢丝、铁钉、缝针、发卡、锐铁片等）混入饲料被羊吃进网胃，因网胃收缩，异物刺破或损伤胃壁所致。如果异物经横膈膜刺入心包，则发生创伤性网胃心包炎。异物穿透网胃的胃壁或瘤胃的胃壁时，可损伤脾、肝、肺等脏器，进而可引起腹膜炎及各部位的化脓性炎症。

【诊断要点】

创伤性网胃腹膜炎症状　病羊精神沉郁，食欲减少，反刍缓慢或停止，鼻镜干燥，行动谨慎，表现疼痛，弓背，不愿急转弯或走下坡路。触诊用手冲击网胃区及心区，或用拳头顶压剑状软骨区时，病羊表现疼痛、呻吟、躲闪。肘头外展，肘肌颤动。前胃弛缓，慢性瘤胃臌胀。血液检查，白细胞总数每立方毫米高达 14 000～20 000，白细胞分类初期核左移，嗜中性白细胞高达 70%，淋巴细胞则降至 30%左右。

创伤性网胃心包炎症状　病羊心动过速，每分钟 80～120 次，颈静脉怒张，粗如手指。颌下及胸前水肿。听诊心音区扩大，出现心包摩擦音及拍水音。病的后期，常发生腹膜粘连、心包积脓和脓毒败血症。

根据临床症状和病史，结合使用金属探测仪探测及 X 光透视拍片检查，即可确诊。

【防治措施】

治疗 确诊后可行瘤胃切开术，清理排除异物。如病程发展到心包积脓阶段，病羊应予淘汰。

对症治疗，消除炎症，可用青霉素40万～80万单位、链霉素50万单位，1次肌内注射。也可用磺胺嘧啶钠5～8克、碳酸氢钠5克，加水口服，每天1次，连用1周以上。也可应用氨苄青霉素1克或头孢唑啉钠1克，5%葡萄糖溶液250毫升，0.4%替硝唑100毫升，静脉注射。也可用健胃剂、镇痛剂。

预防 清除饲料中异物，在饲料加工设备中安装磁铁，以排除铁器，并严禁在牧场或羊舍内堆放铁器。饲喂人员勿带尖细的铁器用具进入羊舍，以防止混落在饲料中，被羊食入。

皱胃阻塞

皱胃阻塞是皱胃内积满过多的食糜，使胃壁扩张，体积增大，胃粘膜及胃壁发炎，食物不能排入肠道所致。临床特征为前胃弛缓，胃肠蠕动停止，皱胃扩大，在右侧下腹部冲击或触诊可感到坚硬的皱胃，并有疼痛，病至后期病羊不排粪。

【病　因】

该病多因羊的消化功能紊乱，胃肠分泌、蠕动功能降低造成；或因长期饲喂细碎的饲料；或因迷走神经分支损伤，创伤性网胃炎使肠袢与皱胃粘连；幽门痉挛，幽门被异物如地膜块、塑料袋、毛球堵塞等，均可使羊发病。

【诊断要点】

该病发展较缓慢，初期似前胃弛缓症状，病羊食欲减退，排粪量少，以至停止排粪，粪便干燥，其上附有多量粘液或血丝。右腹皱胃区扩大，瘤胃充满液体，冲击皱胃区可感觉到坚硬的皱胃胃体。应注意与瓣胃阻塞相鉴别。

【防治措施】

治疗　应先给病羊输液（见瓣胃阻塞治疗），可试用25%硫酸镁溶液50毫升、甘油30毫升、生理盐水100毫升，混合做皱胃注射。操作方法应按如下步骤进行：首先在右腹下肋骨弓处触摸皱胃胃体，在胃体突起的腹壁部局部剪毛，碘酊消毒，用12号针头刺入腹壁及皱胃胃壁，再用注射器吸取胃内容物，当见有胃内容物残渣时，可以将要注射的药液注入。待10小时后，再用胃肠通注射液1毫升（体格小的羊用0.5毫升），1次皮下注射，每天2次。或用比赛可灵注射液2毫升，皮下注射，也可重复使用。

中药治疗可用大黄9克，油炒当归12克，芒硝10克，生地3克，桃仁2.5克，三棱2.5克，莪术2.5克，李仁3克，煎成水剂口服。也可用石蜡油100毫升，陈皮酊10毫升，1次灌服。

对于发病的种羊，当药物治疗无效时，可考虑进行皱胃切开术，以排除阻塞物。

羔羊哺乳期，常因过食羊奶使凝乳块聚结，充盈皱胃腔内，或因毛球移至幽门部不能下行，形成阻塞物，继发皱胃阻塞。病羔食欲废绝，腹胀疼痛，口流清涎，眼结膜发绀，严重脱水，腹泻，触诊瘤胃、皱胃松软。治疗可用石蜡油20毫升，水合氯醛1克，复方陈皮酊3毫升，三酶合剂（胖得生）5克，加温水20毫升，1次口服。此外，病羔可诱发胃肠炎和机体抵抗力降低，应进行全身保护性治疗。

预防　加强饲养管理，除去致病因素，尤其对饲料的品质、加工调配等要特别注意。做到定时定量喂料，供给足量的清洁饮水。冬季注意圈舍保暖和环境卫生。

绵羊肠扭转

绵羊肠扭转是由于肠管位置发生改变，引起肠腔机械性闭塞，继而肠管发生出血、麻痹、坏死变化。病羊表现重剧的腹痛症状，如不及时整复肠管位置，可造成患羊急性死亡，病死率达 100%。该病平时少见，多发生于剪毛后，故牧民称其为剪毛病。

【病　因】

绵羊肠扭转一般继发于肠痉挛、肠臌胀、瘤胃臌胀，在这些疾病中肠管蠕动增强并发生痉挛收缩，或因腹痛引起羊打滚旋转，或瘤胃臌胀，体积增大，迫使肠管离开正常位置，各段肠管互相扭转缠叠而发病。另外，剪毛前羊采食过饱，腹压较大，在放倒固定腿蹄时羊挣扎，或翻转体躯时动作粗暴、过猛，均可招致肠扭转。

【诊断要点】

发病初期，病羊烦躁不安，口唇沾有少量白色泡沫，回头顾腹，伸腰弓背或蹲胯，两肷内吸，后肢弹腹，踢蹄骚动，翘唇摆头，时而摇尾，不排粪尿。腹部听诊瘤胃蠕动音先增强，后变弱，肠音亢进，随着时间延长，肠音废绝。体温正常或略高，呼吸浅而快，每分钟 25～35 次，心律增快，每分钟 80～100 次。随着病情发展，症状加剧，病羊急起急卧，前冲后撞，腹围增大，叩之如鼓，腹壁触诊敏感拒按，眼结膜发绀，即使用镇痛药物也不能止痛。此时，瘤胃蠕动音和肠音消失，体温 40.5℃～41.5℃，呼吸促迫，每分钟 60 次以上，心音弱而节律不齐，每分钟 108～120 次。衰竭期，病羊精神委靡，腹部严重臌胀，眼结膜苍白，呆立不动，或卧地不能站立，强迫运动时步态蹒跚，体温下降至37℃以下，呼吸微弱，心音亢进。腹部穿刺，有淡红色如洗肉水样液体流出。一般病程6～18小时，如变位肠管不能复位，其结局以死亡而告终。

【防治措施】

治疗以整复法为主，药物镇痛为辅。

体位整复法 由助手用两手抱住病羊胸部，将其提起，使羊臀部着地，羊背部紧挨助手腹部和腿部，让羊腹部松弛，呈人伸腿坐地状。术者蹲于羊前方，两手握拳，分别置两拳头于病羊左右腹壁中部，紧挨腹壁，交替推揉，每分钟推揉60次左右，助手同时晃动羊体。推揉5～6分钟后，再由两人分别提起羊的一侧前后肢，背着地面左右摆动十余次。放下病羊让其站立，持鞭驱赶，使羊奔跑运动8～10分钟，然后观察结果。

推揉中术者用力大小要适中，应使腹腔内肠管、瘤胃晃动并可听到胃肠清脆的撞击音为度。若病羊嗳气，瘤胃臌胀消散，腹壁紧张性减轻，病羊安静，可视为整复术成功。

手术整复法 若采用体位整复法不能达到目的，应立即进行剖腹探诊，查明扭转部位，整理扭转的肠管使之复位。

整复后，宜用如下药物治疗。镇痛剂用安痛定注射液10毫升，肌内注射；或用美散痛注射液5毫升，分两次皮下注射；或用水合氯醛3克、酒精30毫升，1次口服；或用三溴合剂30～50毫升，1次静脉注射。也可应用10％葡萄糖溶液500毫升，5％碳酸氢钠溶液100毫升，环丙沙星0.2克，0.4％替硝唑100毫升，静脉注射，连用3天。中药可用元胡索9克，桃仁9克，红花9克，木香3克，大黄15克，陈皮9克，厚朴9克，芒硝12克，玉片3克，茯苓9克，泽泻6克，加水煎成汤剂，1次口服。

胃肠炎

胃肠炎是胃肠粘膜及其深层组织的出血性或坏死性炎症。临床表现以食欲减退或废绝，体温升高，腹泻，脱水，腹痛和不同程度的自体中毒为特征。

【病 因】

该病多因前胃疾病引起。饲养管理不当占重要地位，如采食大量的冰冻、发霉饲料，饲草、饲料中混进具有刺激性的化肥，如过磷酸钙、硝铵等。服用过量的蓖麻油、芦荟、芒硝等，也可致病。笔者曾见绵羊服 9 克过磷酸钙，4 小时后出现出血性胃肠炎的症状。圈舍潮湿，卫生不良，春季羊体质虚弱，营养不良，以及投服驱虫药剂量偏大，也是该病发生的原因之一。

该病还可继发于羊副结核病、巴氏杆菌病、羊快疫、肠毒血症、炭疽、羔羊大肠杆菌病等疾病。

【诊断要点】

初期病羊多呈现急性消化不良的症状，其后逐渐或迅速转为胃肠炎。病羊表现食欲减少或废绝，口腔干燥发臭，舌有黄厚苔或薄白苔，伴有腹痛。肠音初期增强，其后减弱或消失，排稀粪或水样粪便，排泄物腥臭或恶臭，粪中混有血液、粘脓、坏死脱落的组织片。脱水严重，少尿，眼球下陷，皮肤弹性降低，消瘦，腹围紧缩。当虚脱时，病羊卧地，脉搏微细，心力衰竭。体温在整个病程中升高。病至后期，因循环和微循环障碍，病羊四肢冷凉，昏睡，搐搦而死。

慢性胃肠炎病程较长，病势缓慢，主要症状同急性胃肠炎，也可引起恶病质。

【防治措施】

消炎可用磺胺脒 4～8 克、碳酸氢钠 3～5 克，加水适量，1 次口服。也可用药用炭 7 克、萨罗尔 2～4 克、次硝酸铋 3 克，加水适量，1 次口服；或用黄连素片 15 片、链霉素片 2 片（每片 0.5 克）、红根草粉 15 克，加水适量，1 次口服；或用泻速宁 2 号 30 克，加水口服；或用青霉素 40 万～80 万单位，链霉素 500～1 000 毫克，蒸馏水 10 毫升溶解，1 次肌内注射，连用 5 天；或用土霉素或四环素 0.5 克，溶解于生理盐水 100 毫升中，1 次静脉注射；或用 0.2%氧氟沙星注射液 100 毫升，或用头孢唑啉钠 0.5 克，复方氯化钠溶液 250 毫升，1 次静脉注射，可应用 3 天。

脱水严重的宜补液，可用 5%葡萄糖溶液 300 毫升、生理盐水 200 毫升、5%碳酸氢钠溶液 100 毫升，混合后 1 次静脉注射，必要时可以重复应用。腹泻严重者可用 1%硫酸阿托品注射液 2 毫升，皮下注射。

心力衰竭时，可用 10%樟脑磺酸钠 3 毫升，1 次肌内注射；或用尼可刹米注射液 2 毫升，皮下注射。

急性胃肠炎可用白头翁 12 克，秦皮 9 克，黄连 2 克，黄芩 3 克，大黄 3 克，山枝 3 克，茯苓 6 克，泽泻 6 克，玉金 9 克，木香 2 克，山楂 6 克，水煎，1 次口服。

也可用白头翁汤、葛根芩连汤加减。葛根 12 克，黄芩 9 克，黄柏 9 克，黄连 6 克，白头翁 15 克，银花 15 克，连翘 15 克，秦皮 15 克，赤芍 9 克，丹皮 6 克，加水煎煮，1 次口服。

小叶性肺炎及化脓性肺炎

小叶性肺炎是支气管与肺小叶或肺小叶群同时发生炎

症。其临床特征为，病羊呼吸困难，呈现弛张热，叩诊胸部有局灶性浊音区，听诊肺区有捻发音。化脓性肺炎常由小叶性肺炎继发而来。

【病　因】

小叶性肺炎多因羊受寒感冒，物理化学因素的刺激，条件性病原菌的侵害，如巴氏杆菌、链球菌、化脓放线菌、坏死杆菌、绿脓杆菌、葡萄球菌等的感染；羊肺线虫也可引起发病。此外，本病可继发于口蹄疫、放线菌病、子宫炎、乳房炎。还可见于羊鼻蝇、外伤所致的肋骨骨折、创伤性心包炎、胸膜炎的病理过程中。

【诊断要点】

小叶性肺炎初期呈急性支气管炎的症状，即咳嗽，体温升高，呈弛张热型，高达 40℃以上；呼吸浅表、增数，呈混合式呼吸困难。呼吸困难的程度，随肺脏发炎的面积大小而不同，发炎面积越大，呼吸越困难，呈现低弱的痛咳。胸部叩诊，出现不规则的半浊音区。浊音多见于肺下区的边缘，其周围健康部的肺脏，叩诊音高朗。听诊肺区肺泡音减弱或消失，初期出现干啰音，中期出现湿啰音、捻发音。

化脓性肺炎病灶常呈现散在性的特点，是小叶性肺炎没有治愈、化脓菌感染的结果。病羊呈现间歇热，体温升高至 41.5℃；咳嗽，呼吸困难。肺区叩诊，常出现固定的似局灶性浊音区，病区呼吸音消失。其他基本同小叶性肺炎。血液检查白细胞总数增加，达每立方毫米 1.5 万；白细胞分类嗜中性白细胞占 70%，核分叶增多。

根据病羊的临床表现即可确诊。但应注意与大叶性肺炎、咽炎、副鼻窦疾病加以区别。

【防治措施】

治　疗

(1)消炎止咳　可应用10％磺胺嘧啶钠溶液20毫升，或用抗生素（青霉素、链霉素）肌内注射。也可应用青霉素40万～80万单位、0.5％普鲁卡因2～3毫升，气管注入。或用卡那霉素0.5克，肌内注射，每天2次，连用5天。

头孢唑啉钠0.5克，复方氯化钠溶液250毫升，静脉注射，每天1次，可连用3～4天。或用硫酸阿米卡星(硫酸丁胺卡那霉素)0.5克，25％葡萄糖溶液250毫升，1次静脉注射，可连用3天。感染严重者可选用生理盐水100毫升，头孢哌酮(先锋必)0.5克，静脉注射，可连用3天。

(2)解热强心　可用10％樟脑水注射液4毫升或复方氨基比林10毫升，肌内注射。

预防　加强饲养管理，保持圈舍卫生，防止吸入灰尘。勿使羊受寒感冒，杜绝传染病感染。在插胃管时，防止误插入气管中。

吸入性肺炎

吸入性肺炎是羊偶将药物、食糜渣液、植物油类误咽入气管、支气管和肺部而引起的炎症。其临床特征为咳嗽、气喘和流鼻涕，肺区听诊有捻发音。

【病　因】

羊患食管阻塞后，经口强制投药，或给羊灌清油、驱虫口服投药时引起误咽。

【诊断要点】

病羊精神沉郁，食欲大减或废绝；体温升高，达40℃～

41℃，热型为弛张热，日差平均1.1℃（最高达2.5℃）；脉搏加速，呼吸频数，呼吸困难，以腹式呼吸占优势，腹部扇动显著。初期病羊常呈干咳，随着分泌物增加可表现为湿咳。

鼻流浆液性或粘液性鼻液。病程中期，流灰白色带细泡沫的鼻液，落地如花点状。咳嗽低哑，呈阵发性，连续7～8声；咳时伸颈低头，声音嘶哑。

肺部听诊，初期主要为干啰音；以后出现湿啰音，并有散在性捻发音。肺前下三角区，即心区后上方呼吸音弱或消失，叩诊该区，呈局灶性半浊音或浊音。肺的腹界扩大，有肺泡气肿现象。若吸入药渣，可形成肺脓肿。

血液检查，白细胞总数显著增多，嗜中性白细胞增多，核左移；有显著的嗜酸性白细胞增多症（20%）。

随病情的好转，上述临床症状逐渐减轻以至消失。

【治　疗】

对该病采取以青霉素为主的综合疗法。青霉素80万单位肌内注射，每天1～2次，连续4～7天。同时用青霉素40万单位，0.5%普鲁卡因10～15毫升，行气管注射，每天或隔日1次，注射2～5次，并配合应用泻肺平喘、镇咳祛痰等中药，例如：葶苈9克，贝母6克，元参9克，远志3克，杏仁2克，甘草1.5克，煮水口服。对于咳嗽严重不能投水剂的病羊，做成舔剂投服。

肺脓肿时，可应用10%磺胺嘧啶钠注射液20毫升，静脉注射；或选用头孢哌酮0.5克，生理盐水100毫升，静脉注射，连用3天。

在治疗过程中，应重视维持病羊的心脏功能以及其他对症疗法。为此，除交互应用强心剂咖啡因和樟脑油外，可用5%葡萄糖、10%葡萄糖氯化钙以及酒精葡萄糖酸钙注射液静脉注射，以维持心脏功能和全身营养。对食欲不良的病羊应用健胃剂。

食饵疗法，甚为重要。此外，每天早晚将病羊牵出放牧，这对于促进食欲和加速康复能起良好的作用。

羔羊白肌病

羔羊白肌病也称肌营养不良症，是伴有骨骼肌和心肌变性，并发生运动障碍和急性心肌坏死的一种微量元素缺乏症。其临床特征为生后数周或2个月后发病。患病羔羊弓背，四肢无力，运动困难，喜卧地。死后剖检，骨骼肌苍白，营养不良。

【病　因】

有的研究资料表明，该病是由于缺硒所致。随着生命科学及食物链研究的深化，多数学者认为与母乳中缺乏维生素E，或缺硒、钴、铜和锰等微量元素有关。

【诊断要点】

病羔精神不振，运动无力，站立困难，卧地不愿起立；有时呈现强直性痉挛状态，随即出现麻痹、血尿；死亡前昏迷，呼吸困难。

有的羔羊病初不见异常，往往于放牧时由于受到惊动后剧烈运动或过度兴奋而突然死亡。该病常呈地方性流行，多为同群发病，应用其他药物治疗不能控制病情。

【防治措施】

应用硒制剂，如0.2％亚硒酸钠溶液2毫升，每月肌内注射1次，连用2次。与此同时，应用氯化钴3毫克、硫酸铜8毫克、氯化锰4毫克、碘盐3克，加水适量口服。如辅以维生素 E 注射液 300 毫克肌内注射，则效果更佳。在疾病恢复期可灌服复方阿胶糖浆 40 毫升，乳酸钙 0.5 克，连用 1 周，增强体质，促进恢复健康。

加强母羊饲养管理，供给豆科牧草，母羊产羔前补硒，可收到良好效果。

绵羊酮尿病

绵羊酮尿病常发生在绵羊和山羊妊娠后期，以酮尿为主要症状。绵羊多发生于冬末春初，山羊发病没有严格的季节性。

【病　因】

该病发生的主要原因是营养不足，妊娠后期胎儿相对发育较快，母体代谢丧失平衡，引起脂肪代谢障碍，脂肪代谢氧化不完全，形成中间产物。从自然分布分析，多见于缺乏豆科牧草的荒漠和半荒漠地带，尤其是前一年干旱，第二年更易发病。此外，也见于种羊精料饲喂量较大时。

【诊断要点】

初期，病羊掉群，不能跟群放牧，视力减退，呆立不动，驱赶强迫运动时，步态摇晃。后期，意识紊乱，不听主人呼唤，视力消失。神经症状常表现为头部肌肉痉挛，并可出现耳、唇震颤，空嚼，口流泡沫状唾液。由于颈部肌肉痉挛，头后仰，或偏向一侧，也可见到转圈运动。若全身痉挛，可突然倒地死亡。在发病过程中病羊食欲减退，前胃蠕动减弱，粘膜苍白或黄染；体温正常或略低；呼出气及尿中有丙酮气味。采用亚硝基铁氰化钠法检验酮尿液，呈阳性反应。

【防治措施】

加强饲养管理，冬季设置防寒棚舍。春季补饲干草，适当补饲精料(豆类)、骨粉、食盐等;冬季补饲甜菜根、胡萝卜。

药物治疗,可用25%葡萄糖注射液50～100毫升,静脉注射,以防肝脂肪变性。调理体内氧化还原过程,可每天饲喂醋酸钠15克,连用5天。

也可应用水合氯醛3克,麸皮20克,加水适量调合,灌服,每天1次,连用3～5天。每天补充4毫克硫酸钴,投入饮水中口服,对本病治疗也有辅助作用。

绵羊脱毛症

绵羊脱毛症系指在非寄生虫性、皮肤无病变的情况下,被毛发生脱落,或是被毛发育不全的总称。

【病　因】

多数学者认为,该病与缺乏锌和铜元素有关。据内蒙古巴盟地区的测定结果,病区混合牧草含锌量为17.38毫克/千克,含铜量为2.92毫克/千克,其值均低于正常含量;补锌、铜治疗试验获得满意效果。病区外环境缺硫,导致牧草含硫量不足也是该病的原因之一。长期饲喂块根类饲料的羊群也有发病者。

【诊断要点】

成年羊被毛无光泽,色灰暗,营养不良,不同程度的贫血。有异嗜癖,表现为相互啃食被毛,喜吃塑料袋、地膜等异物。病羊被毛脱落,严重时腹泻,偶见视力模糊。体温、脉搏正常。有时整片脱毛,以背、颈、胸、臀部最易发生。

羔羊病初啃食母羊被毛,有异嗜癖,喜食污粪或舔土。以后食入的被毛在胃内形成毛球,当毛球横径大于幽门或嵌入肠道使皱胃和肠道阻塞时,羔羊呈现消化不良、便秘、腹痛及胃肠臌胀，严重者表现消瘦、贫血。

【防治措施】

增喂维生素和微量元素；加强饲养管理，改换放牧地；饲料中补加 0.2%碳酸锌，每周绵羊口服硫酸铜 1.5 克；补饲家畜生长素，增喂精料。

冬季增加胡萝卜、青干苜蓿、青贮玉米可起到一定的预防作用。

在病程中，应注意清理胃肠，维持心脏功能，防止病情恶化。

尿结石

尿结石（石淋）是在肾盂、输尿管、膀胱、尿道内生成或存留以碳酸钙、磷酸盐为主的盐类结晶，使羊排尿困难，并由结石引起泌尿器官发生炎症的疾病。该病以尿道结石多见，而肾盂结石、膀胱结石较少见。其临床特征为排尿障碍，肾区疼痛。种公羊患病，可丧失配种能力。

【病　因】

根据临床见到的病例分析，该病常与以下因素有关：一是溶解于尿液中的草酸盐、碳酸盐、尿酸盐、磷酸盐等，在凝结物周围沉积形成大小不等的结石。结石的核心可能发现上皮细胞、尿圆柱、凝血块、脓汁等有机物。二是由尿路炎症引起尿潴留或尿闭，可促进结石形成。三是饲料和饮水中含钙、镁盐类较多，饲喂大量的甜菜块根及渣粕，饲料中麸皮比例较高等，常可促使该病的发生。四是肾炎、膀胱炎、尿道炎在引起该病的发生上不可忽视。

【诊断要点】

尿结石常因发生的部位不同而症状也有差异。尿道结石，常因结石完全或不完全阻塞尿道，引起尿闭、尿痛、尿频时，才为人们发现。病羊排尿努责，痛苦咩叫，尿中混有血液。尿道结石可致膀胱破裂。膀胱结石在不影响排尿时，不显临床症状，常在死后才被发现。肾盂结石有的生前不显临床症状，而在死后剖检时，才被发现有大量的结石。肾盂内多量较小的结石进入输尿管，使之扩张，可使羊发生疝痛症状。尿液显微镜检查，可见有脓细胞、肾盂上皮、砂粒或血液。当尿闭时，常可发生尿毒症。

该病可借助尿液镜检加以确诊。对尿液减少或尿闭，或有肾炎、膀胱炎、尿道炎病史的羊，不应忽视可能发生尿结石。

【防治措施】

注意对病羊尿道、膀胱、肾脏炎症的治疗。控制谷物、麸皮、甜菜块根的饲喂量。饮水要清洁。

药物治疗，一般无效果。种羊患尿道结石时可施行尿道切开术，摘出结石。由于肾盂和膀胱结石可因小块结石随尿液落入尿道而形成尿道阻塞。因此，在施行肾盂及膀胱结石摘出术时，对预后要慎重。

该病治疗应分析患病部位和结石形成的成分，可有针对性地选择以下方法治疗。

肾结石时，若尿石成分含钙，宜应用氢氯噻嗪（双氢克尿塞）10 毫克、枸橼酸钾 50 毫克，加水适量，1 次灌服。若尿结石为尿酸结晶，宜用碳酸氢钠 0.5 克，别嘌醇（别嘌呤醇）30 毫克，加水适量，1 次灌服。若结石为磷酸铵镁，宜用氯化铵 0.2 克，加水适量，1 次灌服。以上各方剂可连用 3～5 天，观察无不良反应时，可重复治疗。

膀胱结石可用碳酸氢钠 0.5 克及头孢拉定 0.2 克，加水适量，连服 1 周。本方剂也可用于预防。

佝偻病

佝偻病是羔羊在生长发育期中，因维生素D不足，钙、磷代谢障碍所致的骨骼变形的疾病。多发生在冬末春初季节。

【病　因】

该病主要见于饲料中维生素D含量不足及日光照射不够，以致哺乳羔羊体内维生素D缺乏；妊娠母羊或哺乳羊饲料中钙、磷比例不当。圈舍潮湿、污浊、阴暗，羊消化不良，营养不佳，可成为该病的诱因。放牧母羊秋膘差，冬季未补饲，春季产羔，羔羊更易发生此病。

【诊断要点】

病羊轻者主要表现为生长迟缓，异嗜，喜卧，呆滞，卧地起立缓慢，四肢负重困难，行走步态摇摆，或出现跛行。触诊关节有疼痛反应，病程稍长则关节肿大，以腕、跖关节、球关节较为明显。长骨弯曲，四肢可以展开，形如青蛙。后期病羊以腕关节着地爬行，后躯不能抬起。重症者卧地，呼吸和心跳均加快。

【防治措施】

改善和加强母羊的饲养管理，加强运动和放牧，多给青饲料，补喂骨粉，增加幼羔的日照时间。

药物治疗，可用维生素AD注射液3毫升，肌内注射；精制鱼肝油3毫升，灌服或肌内注射，每周2次。为了补充钙制剂，可用10%葡萄糖酸钙液5～10毫升，静脉注射；也可用维丁胶性钙2毫升，肌内注射，每周1次，连用3次。

若大群发病时宜进行以下预防和治疗：①应用市售维生素D_2每天每千克体重150单位，口服2周。②鱼粉每天15

克，拌料喂食，连用3周。③葡萄糖酸钙粉或多维糖钙粉每天1.5克，拌料喂服，连用1个月。④对严重四肢关节变形者宜用竹板固定矫形，促进关节康复。

也可喂给三仙蛋壳粉：神曲60克，焦山楂60克，麦芽60克，蛋壳粉120克，麦饭石粉60克，混合后每只羔羊喂12克，连用1周。

氢氰酸中毒

氢氰酸中毒是羊吃了富有氰苷的青饲料，在胃内由于酶的水解和胃液中盐酸的作用，产生游离的氢氰酸而致病。其临床特征为发病急促，呼吸困难，伴有肌肉震颤等综合征的组织中毒性缺氧症。

【病　因】

该病常因羊采食过量的胡麻苗、高粱苗、玉米苗等而突然发作。饲喂机榨胡麻饼，因含氰苷量多，也易发生中毒。当用于治疗的中药中杏仁、桃仁用量过大时，也可致病。

【诊断要点】

该病发病迅速，多于采食含有氰苷的饲料后15～20分钟出现症状。首先表现腹痛不安，瘤胃臌胀，呼吸加快，可视粘膜鲜红，口流白色泡沫状唾液；先呈现兴奋状态，很快转入沉郁状态，随之出现极度衰弱，步行不稳或倒地；严重者体温下降，后肢麻痹，肌肉痉挛，瞳孔散大，全身反射减少乃至消失，心搏动徐缓，脉细弱，呼吸浅微，直至昏迷而死亡。

【防治措施】

禁止在含有氰苷作物的地方放牧。应用含有氰苷的饲料喂羊时，宜先加工调制。发病后速用亚硝酸钠0.2克，配成

5%溶液，静脉注射；然后再用10%硫代硫酸钠溶液10～20毫升，静脉注射。

有机磷中毒

有机磷中毒是由于接触、吸入有机磷农药或采食被有机磷制剂污染的饲料所致。该病的病理过程是有机磷与羊体内的胆碱酯酶结合，形成不易水解的磷酰化胆碱酯酶而失去其活性，使乙酰胆碱不能分解而在体内大量蓄积，导致神经生理功能紊乱。本病以神经过度兴奋为其特征。

【病　因】

有机磷农药种类繁多，常用的有对硫磷(1605)、内吸磷(1509)，为剧毒类；敌敌畏、乐果、杀螟松，为强毒类；敌百虫、马拉硫磷，为弱毒类。上述药剂敏感性和毒性效果各不相同。引起中毒事故多见于对农药保管和使用违反操作规程，使羊直接接触或误食农药而发病；或间接食入农药污染的牧草、饮水而致病。也见于驱除外寄生虫时，应用有机磷制剂过量而发生中毒。

【诊断要点】

常出现毒蕈碱中毒样症状，如食欲不振，流涎呕吐，疝痛腹泻，多汗，尿失禁，瞳孔缩小，粘膜苍白，呼吸困难，肺水肿等；有的表现为烟碱中毒样症状，如肌纤维性震颤、麻痹，血压上升，脉频数，致使中枢神经系统功能紊乱，表现兴奋不安，全身抽搐，以至昏睡等。除上述症状外，还可有体温升高，水样腹泻，便血也较多见。在发生呼吸困难的同时，病羊表现痛苦，眼球震颤，四肢厥冷，出汗。当呼吸肌麻痹时，导致窒息而死亡。实验室检查，胆碱酯酶活性降低。

依据症状、毒物接触史和毒物分析，并测定胆碱酯酶活性，可以确诊。

【防治措施】

严格农药管理制度，勿在喷洒有机磷农药的地点放牧，拌过有机磷农药的种子不得再喂羊。治疗可用解磷定，剂量按每千克体重15～30毫克，溶于5%葡萄糖溶液100毫升中，静脉注射；或用硫酸阿托品10～30毫克，肌内注射。症状未见减轻时，仍可重复应用解磷定和硫酸阿托品。

流　产

流产是指母羊妊娠中断，或胎儿不足月就排出子宫而死亡。流产分为小产、流产、早产。

【病　因】

流产的原因极为复杂。属传染性流产者，多见于布氏杆菌病、弯杆菌病、毛滴虫病。非传染性者，可见于子宫畸形、胎盘坏死、胎膜炎和羊水增多症等；内科病，如肺炎、肾炎、有毒植物中毒、食盐中毒等；外科病，如外伤、蜂窝织炎、败血症等。长途运输过于拥挤，水草供应不均，饲喂冰冻和发霉饲料，也可导致流产。

【诊断要点】

突然发生流产者，产前一般无特征表现。发病缓慢者，表现精神不佳，食欲废绝，腹痛起卧，努责咩叫，阴户流出羊水，待胎儿排出后稍为安静。若在同一群中病因相同，则陆续出现流产，直至受害母羊流产完毕，方能稳定下来。外伤性致病，可使羊发生隐性流产，即胎儿不排出体外，溶解物排出子宫外，或形成胎骨在子宫内残留。由于受外伤程度的不同，受伤的胎儿常因胎膜出血、剥离，于数小时或数天排出。

【防治措施】

以加强饲养管理为主，重视传染病的防治。根据流产发生的原因，采取有效的防治保健措施。对于已排出了不足月胎儿或死亡胎儿的母羊，一般不需要进行特殊处理，但需加强饲养。

对有流产先兆的母羊，可用黄体酮注射液 2 支(每支含 15 毫克)，1 次肌内注射。同时应用维生素 E 注射液 4 毫升肌内注射，每天 1 次，连用 5 天。为了维持黄体正常功能，可用绒毛膜促性腺激素 100～300 单位，稀释后肌内注射，每周 1 次，连用 3 周。如有感染可应用抗生素治疗。

中药治疗宜用四物胶艾汤加减：当归 6 克，熟地 6 克，川芎 4 克，黄芩 3 克，阿胶 12 克，艾叶 9 克，菟丝子 6 克，共研末用开水调，每天 1 次，灌服两剂。死胎滞留时，应采用引产或助产措施。胎儿死亡，子宫颈未开时，天花粉注射剂 5 毫克，生理盐水 5 毫升，溶解后肌内注射，使子宫颈开张，然后从产道拉出胎儿。母羊出现全身症状时，应对症治疗。

难　产

难产是指分娩过程中胎儿排出困难，不能将胎儿顺利地送出产道。

【病　因】

从临床检查结果分析，难产的原因常见于阵缩无力、胎位不正、子宫颈狭窄及骨盆腔狭窄等。

【助　产】

为了保证母羔安全，对于难产的羊必须进行全面检查，并及时施行人工助产术；对种羊可考虑进行剖腹产手术。

助产时机　当母羊子宫阵缩超过4～5小时，而未见羊胎膜在阴门外或在阴门内破裂（绵羊需15分钟至2.5小时，双胎间隔15分钟；山羊需0.5～4小时，双胎间隔0.5～1小时），母羊停止阵缩或阵缩无力时，须迅速进行人工助产，不可拖延时间，以防羔羊死亡。

助产准备

（1）术前准备　询问羊分娩的时间，是初产或经产，看胎膜是否破裂，有无羊水流出，检查全身状况。

（2）保定母羊　一般使羊侧卧，保持安静，让前躯低、后躯稍高，以便于矫正胎位。

（3）消毒　对助产者手臂、助产用具进行消毒，对母羊阴户外周用1∶5 000的新洁尔灭溶液进行清洗。

（4）产道检查　注意产道有无水肿、损伤、感染，产道表面干燥和湿润状态。

（5）胎位、胎儿检查　确定胎位是否正常，判断胎儿死活。胎儿正产时，手入阴道可摸到胎儿嘴巴、两前肢，两前肢中间夹着胎儿的头部；当胎儿倒产时，手入产道可发现胎儿尾巴、臀部、后蹄及脐动脉。以手指压迫胎儿，如有反应，表示尚活存。

助产方法　常见的难产位有头颈侧弯，头颈下弯，前肢腕关节屈曲，肩关节屈曲，跖关节屈曲，胎儿下位，胎儿横向，胎儿过大等，可按不同的异常产位将其矫正，然后将胎儿拉出产道。多胎母羊，应注意怀羔数目，在助产中认真检查，直至将全部胎儿助产完毕，方可将母羊归群。

阵缩及努责微弱的，可皮下注射垂体后叶素、麦角碱注射液1～2毫升。必须注意，麦角制剂只限于子宫完全开张，胎势、胎位及胎向正常时方可使用，否则易引起子宫破裂。

当羊怀双羔时，可遇到双羔同时各将一肢伸出产道，形成交叉的情况。由此形成的难产，应分清情况，辨明关系，可触摸腕关节确定前肢，触摸跖关节确定后肢。若遇交叉，可将另一羔的肢体推回腹腔，先整顺一只羔羊的肢体，将其拉出产道，再将另一只羔羊的肢体整顺拉出。切忌将两只羔羊的不同肢体误认为同只羔羊的肢体。

子宫颈扩张不全或子宫颈闭锁，胎儿不能产出，或骨骼变形，致使骨盆腔狭窄，胎儿不能正常通过产道，在此情况下，可进行剖腹产急救胎儿，保护母羊安全。

阴道脱

阴道脱是阴道部分或全部外翻脱出于阴户之外，阴道粘膜暴露在外面，引起阴道粘膜充血、发炎，甚至形成溃疡或坏死的疾病。

【病　因】

饲养管理不佳、羊体弱年老，致使阴道周围的组织和韧带弛缓；妊娠羊到后期腹压增大；分娩或胎衣不下而努责过强，助产时强行拉出胎儿，常常是发生阴道脱的直接原因。

【诊断要点】

阴道脱有完全脱出和部分脱出两种情况。当完全脱出时，脱出的阴道如拳头大，子宫颈仍闭锁；部分脱出时，仅见阴道入口部脱出，大小如桃。外翻的阴道粘膜发红，甚至青紫，局部水肿。因摩擦可损伤粘膜，形成溃疡，局部出血或结痂。

阴道脱病羊常在卧地后，被地面的污物、垫草、粪便粘附于脱出的阴道局部，导致细菌感染而化脓或坏死。严重者，全身症状明显,体温可高达40℃以上。

【防治措施】

体温升高者,用磺胺二甲嘧啶5~8克,每天1次口服,连用3天;或用青霉素和链霉素肌内注射。配合用0.1%高锰酸钾溶液或新洁尔灭溶液清洗局部,涂擦金霉素软膏或碘甘油溶液。整复脱出的阴道,用消毒纱布托住脱出的阴道,由脱出基部向骨盆腔内缓慢地推入,至快送完时,用拳头顶进阴道内;然后用阴门固定器压迫阴门,固定牢靠为止。对形成习惯性脱出者,可用粗线对阴门四周做减张缝合,待数日后,阴道脱症状减轻或不再脱出时,拆除缝线。

除此之外,可结合中药治疗,宜补气升陷,补肾养血。可用黄芪6克,党参6克,白术9克,当归6克,升麻3克,柴胡3克,陈皮3克,枳壳6克,山药6克,杜仲3克,枸杞3克,山萸肉3克,粉碎,开水冲调灌服。

胎衣不下

胎衣不下是指孕羊产后4~6小时,胎衣仍排不下来的疾病。

【病　因】

该病多因孕羊缺乏运动,饲料中缺乏钙盐及维生素,饲养失调,体质虚弱。此外,子宫炎、布氏杆菌病等也可致胎衣不下。有报道,羊缺硒也可致胎衣不下。

【诊断要点】

病羊常表现弓腰努责,食欲减少或废绝,精神较差,喜卧地,体温升高,呼吸、脉搏增快。胎衣久久滞留不下,可发生腐败,从阴户中流出污红色腐败恶臭的恶露,其中杂有灰白色未腐败的胎衣碎片和脉管。当全部胎衣不下时，部分胎衣从阴户垂露于后肢跗关节部。

【防治措施】

药物疗法 病羊分娩后胎衣不下未超过24小时的，可应用马来酸麦角新碱0.5毫克，1次肌内注射；垂体后叶素注射液或催产素注射液0.8～1毫升，1次肌内注射。

手术剥离法 应用药物后已达48～72小时仍不奏效者，应立即采用手术剥离。宜先保定好病羊，按常规准备及消毒后，进行手术。术者一手握住阴门外的胎衣，稍向外牵拉；另一手沿胎衣表面伸入子宫，可用食指和中指夹住胎盘周围绒毛成一束，以拇指剥离开母仔胎盘相互结合的周边，剥离半周后，手向手背侧翻转以扭转绒毛膜，使其从小窦中拔出，与母体胎盘分离。子宫角尖端难以剥离，常借子宫角的反射收缩而上升，再行剥离。最后向子宫内灌注抗生素或防腐消毒药，如土霉素2克，溶于100毫升生理盐水中，注入子宫腔内；或注入0.2%普鲁卡因溶液30～50毫升。

自然剥离法 不借助手术剥离，而辅以防腐消毒药或抗生素，让胎膜自行排出，达到自行剥离的目的。可于子宫内投放土霉素(0.5克)胶囊，效果较好。

中药可用当归9克，白术6克，益母草9克，桃仁3克，红花6克，川芎3克，陈皮3克，共研细末，开水调后口服。当体温高时，宜用抗生素注射。

为了预防本病，可用亚硒酸钠维生素E注射液，在妊娠期肌注3次，每次0.5毫升。

子 宫 炎

【病　因】

子宫炎是由于分娩、助产、子宫脱、阴道脱、胎衣不下、腹膜炎、胎儿死于腹中等导致细菌感染而引起的子宫粘膜炎症。

【诊断要点】

该病临诊可见急性和慢性两种，按其病程中发炎的性质可分为卡他性、出血性和化脓性子宫炎。

急性　初期病羊食欲减少，精神欠佳，体温升高。因有疼痛反应而磨牙、呻吟。前胃弛缓，弓背、努责，时时做排尿姿势，阴户内流出污红色内容物。

慢性　病情较急性轻微，病程长，子宫分泌物量少。如不及时治疗可发展为子宫坏死，继而全身状况恶化，发生败血症或脓毒败血症。有时可继发腹膜炎、肺炎、膀胱炎、乳房炎等。

【防治措施】

清洗子宫，用0.1%高锰酸钾溶液或协尔兴(含2%氧氟沙星)溶液300毫升，灌入子宫腔内，然后用虹吸法排出灌入子宫内的消毒溶液，每天1次，可连用3～4次。消炎，可在冲洗后给羊子宫内注入碘甘油3毫升，或投放土霉素(0.5克)胶囊；或用青霉素80万单位、链霉素50毫克，肌内注射，每天早晚各1次。治疗自体中毒，应用10%葡萄糖液100毫升、林格氏液100毫升、5%碳酸氢钠溶液30～50毫升，1次静脉注射；肌内注射维生素C 200毫克。

上述抗生素治疗效果不明显者可改用硫酸阿米卡星(硫酸丁胺卡那霉素)0.2克，强力阿莫仙注射液1.2克，加入10%葡萄糖注射液中，静脉注射；再用0.4%替硝唑100毫升，静脉注射，可连用 3 天。

乳房炎

乳房炎是乳腺、乳池、乳头局部的炎症。多见于泌乳期的绵羊、山羊。其临床特征为乳腺发生各种不同性质的炎症，乳房发热、红肿、疼痛，影响泌乳功能和产乳量。常见的有浆液性乳房炎、卡他性乳房炎、化脓性乳房炎和出血性乳房炎。

【病　因】

该病多因挤乳人员技术不熟练，损伤了乳头、乳腺体；或因挤乳人员手臂不卫生，使乳房受到细菌感染；或羔羊吮乳咬伤乳头。也见于结核病、口蹄疫、子宫炎、羊痘、脓毒败血症等过程中。

【诊断要点】

轻者不显临床症状，病羊无全身反应，仅乳汁有变化。一般多为急性乳房炎，乳房局部肿胀、硬结、热痛，泌乳量减少，乳汁变性，其中混有血液、脓汁等，乳汁有絮状物，呈褐色或淡红色。炎症延续，病羊体温升高，可达 41℃。挤乳或羔羊吃乳时，母羊抗拒、躲闪。若炎症转为慢性，则病程延长。由于乳房硬结，常丧失泌乳功能。化脓性乳房炎可形成脓腔，使腔体与乳腺相通，若穿透皮肤可形成瘘管。山羊可患坏疽性乳房炎，为地方性流行的急性炎症，多发生于产羔后 4～6 周。

【防治措施】

注意挤乳卫生，扫除圈舍污物，在羊产羔季节应经常注意检查母羊乳房。

病初可用青霉素 40 万单位、0.5%普鲁卡因 5 毫升，溶解后用乳房导管注入乳孔内，然后轻揉乳房腺体部，使药液分布于乳房腺中。也可应用青霉素、普鲁卡因溶液行乳房基部封闭，或应用磺胺类药物抗菌消炎。为了促进炎性渗出物吸收和消散，除在炎症初期冷敷外，2～3天后可施热敷，用10%硫酸镁溶液1 000毫升，加热至45℃，每天外洗热敷1～2次，连用4次。中药治疗，急性者可用当归15克，生地6克，蒲公英30克，二花12克，连翘6克，赤芍6克，川芎6克，瓜蒌6克，龙胆草24克，山栀6克，甘草10克，共研细末，开水调服，每天1剂，连用5天。也可将上述中药煎水口服，同时应积极治疗继发病。

对化脓性乳房炎及开口于乳池深部的脓肿，宜向乳房脓腔内注入0.2%呋喃西林溶液，或用0.1%～0.25%雷佛奴尔液，或用3%过氧化氢溶液，或用0.1%高锰酸钾溶液，冲洗消毒脓腔，引流排脓。为了防止全身感染，并引起全身毒血症可选用：生理盐水100毫升，青霉素120万单位，静脉注射，每天2次；0.2%诺氟沙星注射液100毫升，静脉注射，每天2次；生理盐水100毫升、头孢唑啉钠1克，静脉注射，每天1次，连用3天。

为使乳房保持清洁，可用0.1%新洁尔灭溶液经常擦洗乳头及其周围。

创伤

【病因】

是羊体局部受到外力作用而引起的软组织开放性损伤，如擦伤、刺伤、切伤、裂伤、咬伤以及因手术而造成的创伤等。创伤愈合过程中如有大量细菌侵入，则可发生感染，出现化脓性炎症。羊发生坏死杆菌病（腐蹄病），是因蹄部受伤后感染化脓所致。羊发生破伤风，主要是由于阉割或处理羔羊脐带时伤口消毒不严，导致病原菌侵入产生毒素而引起。外伤也可成为羊流产的原因之一。

【诊断要点】

各种创伤的主要症状是出血、疼痛和伤口裂开，创伤严重的，常可出现不同程度的全身症状。创口如感染化脓，创缘及创面肿胀、疼痛，局部温度增高，创口不断流出脓汁或形成很厚的脓痂。创腔深而创口小或创内存有异物形成创囊时，有时会发生脓肿或引起周围组织的蜂窝织炎（即皮下、肌膜下及肌间等处的疏松结缔组织发生急性进行性化脓性炎症），并有体温升高。随着化脓性炎症的消退，创内出现肉芽组织，一般呈红色平整颗粒状，质地较坚硬，表面附有粘稠的带灰白色的脓性物。

【治　疗】

一般创伤的治疗

(1)创伤止血　如伤口出血不止，可施行压迫、钳夹或结扎止血。还可应用止血剂，如外用止血粉撒布创面，必要时可应用安络血（肌注2～4毫克，每天2～3次）、维生素K_3（肌注30～50毫升，每天2～3次）等全身止血剂。

(2)清洁创围　先用灭菌纱布将创口盖住，剪除周围被毛，用0.1%新洁尔灭溶液或生理盐水将创围洗净，然后用5%碘酊进行创围消毒。

(3)清洁创腔　除去覆盖物，用镊子仔细除去创内异物，反复用生理盐水洗涤创腔，然后用灭菌纱布轻轻地吸蘸创内残存的药液和污物，再于创面涂布碘酊。

(4)缝合与包扎　创面比较整齐，外科处理比较彻底时，可行密闭缝合；有感染危险时，行部分缝合；创口裂开过宽，可缝合两端；组织损伤严重或不便缝合时，可行开放疗法。四肢下部的创伤，一般应行包扎。

若组织损伤或污染严重时，应及时注射破伤风类毒素及抗生素。

化脓性感染创的治疗

(1)化脓创的治疗　其步骤是清洁创围；用0.1%高锰酸钾液、3%双氧水或0.1%新洁尔灭溶液等冲洗创腔；扩大创口，开张创缘，除去深部异物，切除坏死组织，排出脓汁；最后用10%磺胺乳剂或碘仿甘油等行创面涂布或用纱布条引流。有全身症状时，可用抗菌消炎药物，并注意强心解毒。

如为脓肿，病初可用温热疗法（如热敷），或涂布用醋调制的复方醋酸铅散（安得利斯），同时用抗生素或磺胺类药物进行全身性治疗。如果上述方法不能使炎症消散，可用具有弱刺激性的软膏涂布患部，如鱼石脂软膏等，以促进脓肿成熟。当脓肿出现波动感时，即表明脓肿已成熟，这时应及时切开，彻底排除脓汁，再用3%双氧水或0.1%高锰酸钾溶液冲洗干净，涂布磺胺乳剂或碘仿甘油，或视情况用纱布条引流，以加速坏死组织的净化。

(2)肉芽创的治疗　首先清理创围，然后清洁创面（用生理盐水轻轻清洗），最后再局部用药（应用刺激性小、能促进肉芽组织和上皮生长的药，如3%龙胆紫等）。如肉芽组织赘生，可用硫酸铜腐蚀。

蹄腐烂

蹄腐烂是蹄底和球负面糜烂。也称为慢性坏死性蹄皮炎。患肢跛行为其临床特征。

【病　因】

羊圈与羊舍潮湿、不洁，蹄过长，为本病发生的主要原因。在患部病灶可分离出坏死杆菌、产黑色素杆菌、革兰氏阴性菌、螺旋体等。

【诊断要点】

本病发展缓慢，轻症只在蹄底部、球部、轴侧沟有小的深棕色坑，严重的病例病变部小坑可融合在一起，形成沟状，坑内呈黑色，外观病变部很破碎，最后往往在糜烂的深部暴露出真皮。糜烂可形成潜道，偶尔在球部发展成严重的糜烂，并长出恶性肉芽，引起剧烈疼痛而跛行。

患病蹄初发常呈局部肿胀，有热反应，局部皮温增高，触压疼痛。患肢系部和球部关节屈曲，并以蹄尖部轻轻负重，病羊运动病肢悬跛。有的病例可发展到深部组织，常可引起指(趾)间蜂窝织炎，患蹄恶臭，严重时蹄匣脱落。

绵羊常发生蹄间腺炎，发病率可高达15％左右。蹄间腺炎多侵害一肢或两肢，临床表现蹄间裂扩大，跛行。检查患蹄时可发现蹄间腺的开口处附有脓液，在病部有细小的植物毛刺刺入蹄间腺，形成小脓肿。若病程延长，患部可形成窦道或蹄冠蜂窝织炎、化脓性蹄真皮炎，蹄壁部分剥离。由上述表现可与蹄腐烂病加以鉴别。

【防治措施】

羊舍应保持干燥，勿在潮湿沼泽地长期放牧，防止蹄部角质软化。防止多刺的刈割植物干茬刺伤蹄部。放牧中发现有羊只掉群，或出现跛行，应对病羊蹄部细致检查。对过长蹄的羊只应定期修理蹄部。

治疗原则以清理患部，防腐消炎，局部治疗为主，若出现全身症状宜进行对症治疗。

对患蹄施行剪毛，清理分泌物，削除不正常的角质，扩开所有的潜道。局部常用0.1%高锰酸钾溶液或2%来苏儿冲洗，尔后局部涂擦碘酊、碘仿醚，或填充松馏油纱布条。也可用10%硫酸铜溶液浸泡患蹄，局部涂擦龙胆紫溶液。对局部处理后可用绷带包扎。除用常规外用消毒溶液对患蹄处理外，为达到消毒杀菌目的尚可选用氧化锌滑石粉(3：7)合剂，或磺胺粉高锰酸钾粉等量，配成粉剂，涂撒患部。

若出现全身反应，可输入营养液进行支持疗法。对病羊尚可选用青霉素、链霉素、磺胺类药物进行治疗。或选用下列药物，如头孢噻酚钠1克，头孢三嗪1克，硫酸丁胺卡那霉素1克等任意1种，溶于复方氯化钠溶液500毫升中，静脉注射，每天1次，可连用3天。

金盾版图书，科学实用，通俗易懂，物美价廉，欢迎选购

书名	定价
现代中国养猪	98.00
家庭科学养猪（修订版）	7.50
简明科学养猪手册	9.00
怎样提高中小型猪场效益	15.00
怎样提高规模猪场繁殖效率	18.00
规模养猪实用技术	22.00
生猪养殖小区规划设计图册	28.00
塑料暖棚养猪技术	13.00
母猪科学饲养技术（修订版）	10.00
小猪科学饲养技术（修订版）	8.00
瘦肉型猪饲养技术（修订版）	8.00
肥育猪科学饲养技术（修订版）	12.00
科学养牛指南	42.00
种草养牛技术手册	19.00
养牛与牛病防治（修订版）	8.00
奶牛规模养殖新技术	21.00
奶牛良种引种指导	11.00
奶牛高效养殖教材	5.50
奶牛养殖小区建设与管理	12.00
奶牛高产关键技术	12.00
奶牛肉牛高产技术（修订版）	10.00
农户科学养奶牛	16.00
奶牛实用繁殖技术	9.00
奶牛围产期饲养与管理	12.00
肉牛高效益饲养技术（修订版）	15.00
肉牛高效养殖教材	8.00
肉牛快速肥育实用技术	16.00
肉牛育肥与疾病防治	15.00
牛羊人工授精技术图解	18.00
马驴骡饲养管理（修订版）	8.00
科学养羊指南	35.00
养羊技术指导（第三次修订版）	18.00
农区肉羊场设计与建设	11.00
农区科学养羊技术问答	15.00
肉羊无公害高效养殖	20.00

以上图书由全国各地新华书店经销。凡向本社邮购图书或音像制品，可通过邮局汇款，在汇单“附言”栏填写所购书目，邮购图书均可享受9折优惠。购书30元（按打折后实款计算）以上的免收邮挂费，购书不足30元的按邮局资费标准收取3元挂号费，邮寄费由我社承担。邮购地址：北京市丰台区晓月中路29号，邮政编码：100072，联系人：金友，电话：(010)83210681、83210682、83219215、83219217（传真）。